河南省科学技术协会资助出版·中原科普书系

河南省"四优四化"科技支撑行动计划丛书

优质奶山羊标准化
生产技术

辛晓玲　闫祥洲　主编

中原农民出版社
·郑州·

编委会

主　编　辛晓玲　闫祥洲
副主编　王献伟　李海利　郎利敏　楚秋霞　赵彩艳
编　者　王二耀　吕世杰　张子敬　权　凯　魏红芳
　　　　施巧婷　陈付英　冯亚杰　余世锋　闫志浩
　　　　魏成斌　王泰峰　徐泽君　刘　贤　朱肖亭
　　　　金　磊　李玉龙　白献晓　徐照学

图书在版编目（CIP）数据

优质奶山羊标准化生产技术 / 辛晓玲，闫祥洲主编 . —郑州：中
原农民出版社，2022.5（2024.9 重印）
　　ISBN 978-7-5542-2568-4

　　Ⅰ . ①优… Ⅱ . ①辛… ②闫… Ⅲ . ①奶山羊-饲养管理-标准化
Ⅳ . ①S827.9-65

　　中国版本图书馆CIP数据核字（2022）第024573号

优质奶山羊标准化生产技术
YOUZHI NAISHANYANG BIAOZHUNHUA SHENGCHAN JISHU

出 版 人：刘宏伟
策划编辑：段敬杰
责任编辑：苏国栋
责任校对：韩文利
责任印制：孙　瑞
装帧设计：杨　柳

出版发行：中原农民出版社
　　　　　地址：河南自贸试验区郑东片区（郑东）祥盛街 27 号 7 层
　　　　　邮编：450016　　电话：0371-65788199　　0371-65788651
经　　销：全国新华书店
印　　刷：新乡市豫北印务有限公司
开　　本：787mm×1092mm　1/16
印　　张：6.5
字　　数：112 千字
插　　页：4
版　　次：2022 年 8 月第 1 版
印　　次：2024 年 9 月第 2 次印刷
定　　价：39.00 元

如发现印装质量问题，影响阅读，请与印刷公司联系调换。

彩图 2　河南奶山羊群体

彩图 1　奶山羊标准化养殖

彩图 3　奶山羊公羊

彩图 4　带羔母羊

彩图 5　羔羊加温保育

彩图 6　断奶羔羊

彩图 7　产奶羊运动场

彩图 8　奶山羊乳房

彩图 9　奶山羊同期发情处理

彩图 10　同期发情取栓操作

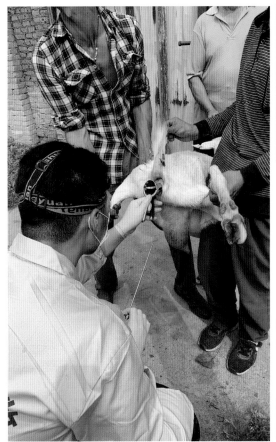

彩图 12　B 超查孕

彩图 11　奶山羊人工授精

彩图 13　储奶罐及预冷设备

彩图 14　羊奶加工车间

彩图 15　萨能奶山羊　　　　　　　　　彩图 16　关中奶山羊

彩图 17　吐根堡奶山羊

彩图 18　阿尔卑斯奶山羊　　　　　　　彩图 19　努比亚奶山羊

目录

一、概述

（一）奶山羊产业发展现状与趋势

1. 奶山羊产业发展现状 奶山羊是从山羊中选育出来的高产泌乳类品种，除具有山羊的生物学特性外，很多生理特性与奶牛相似。奶山羊是节粮、节水、环保型的优质高产奶畜，大力发展奶山羊产业既符合我国的基本国情，又符合我国牛、羊并举，优先发展优质高效和节粮、节水、环保型奶业的发展战略。进入 21 世纪，由于我国奶牛业的快速发展，以及奶山羊机械化挤奶、山羊奶脱膻工艺、液态奶超高温加工中蛋白沉淀等技术瓶颈问题的限制，使我国奶山羊产业徘徊不前。近些年来，随着技术进步，上述严重制约我国奶山羊产业化发展的技术瓶颈被突破，尤其是随着沿海城市消费者认同山羊奶具有强身健体、美容益智的作用，形成了山羊奶产品消费热，促使我国奶山羊产业出现了优质、高效、快速发展的势头。

1）**奶山羊主要生产区** 目前，已经形成陕西省、山东省两大传统奶山羊主产区和河南省、河北省、山西省、广东省、福建省等奶山羊快速发展区的格局。陕西省是我国优良奶山羊种源地，也是山羊奶生产大省，奶山羊的存栏数、产奶量均居全国前列。陕西省每年外调奶山羊 20 余万只，是我国优良奶山羊的种源地。山东省奶山羊发展虽然略晚于陕西省，但增长速度快，饲养奶山羊的资源环境优越，种羊品质优良，近年来一直保持稳定增长的趋势。云南依托山羊奶乳饼的加工和销售，快速带动全省奶山羊产业的发展，奶山羊存栏数达到 50 多万只。奶山羊生产已经初步形成了以陕西、山东、山西、河北、河南、辽宁、云南等省为主的优势产业带。广东、福建等省是我国高端山羊奶产品销售的主要地区，这些地区重在发挥山羊奶保健功能开发的优势，促进山羊奶加工业的发展。

河南省气候条件非常适宜奶山羊的生理特点。农副产品和饲草资源丰富，农户数量多，为小规模和家庭牧场养殖奶山羊提供了条件。20世纪80年代，河南省奶山羊养殖在豫西一度形成较大规模，但由于消费水平低，山羊奶除膻工艺不过关等因素，未能实现产业化，养殖数量逐渐减少。近几年，随着人们对山羊奶营养保健功能认知度的提升，山羊奶成为牛奶之外的消费热点，河南省陆续出现一些奶山羊规模化养殖场。2018年，河南省奶山羊存栏5.5万只，规模奶山羊场5家，山羊奶加工企业3家，产品主要为液态奶。河南省西峡县和嵩县都做出奶山羊产业发展规划，计划发展奶山羊家庭生态牧场聚集区，每个聚集区内建设一座机械化挤奶厅，形成周边城市鲜山羊奶供应体系。《河南省奶业振兴行动计划》指出，要大力发展奶山羊养殖，加快推进奶山羊良种繁育体系建设，培育新的奶业增长点，因此，河南省奶山羊产业发展及市场前景广阔。

2）山羊奶在奶业中的地位　统计数据显示，2019年全国共计生产奶类3 297.6万吨，其中牛奶产量3 201.2万吨，其他奶类（山羊奶、驼奶等）产量96.4万吨，因此，现阶段还必须依靠牛奶解决全民奶消费的问题。在今后相当长的时期内，山羊奶仅仅是一个补充奶源和特殊奶源，是奶业大家庭中的小兄弟。山羊奶不仅营养丰富，消化吸收率高，更重要的是不含有致敏原，不发生乳糖不耐症，是适宜我国人民饮用的较佳奶源，作为一种具有重大开发潜能的优质高效奶源，必将发挥越来越重要的作用。

3）奶山羊的主要养殖模式

（1）家庭自养自用　在交通不便、没有山羊奶加工企业的地方，村民在自己的房前或屋后饲养1~2只奶山羊，解决全家饮用奶的问题。这种形式值得提倡，便于普及全民饮用山羊奶。

（2）专业村形式　一般由山羊奶加工厂选择奶山羊饲养数量较多的村庄（全村饲养数量1 000只左右），在村头或路口等交通便利的地方建立机械化挤奶站，村民根据自家情况，饲养10只左右的奶山羊，每天清晨和下午两次将奶山羊牵到挤奶站挤奶。村民可根据家庭劳动力、饲草饲料、庭院大小选择养殖规模，既不耽误主业生产，又可利用家庭剩余劳动力发展奶山羊生产，增加收入。

（3）家庭羊场形式　这种形式是村民在承包地、果园等地方建造奶山羊圈舍，规模化饲养奶山羊，同时配备机械化挤奶站。这种形式的规模一般为100只左右，年收入10万~15万元。

（4）养殖小区形式 采用村民集资入股的形式发展奶山羊养殖业，一般由养羊大户建造养殖小区，健全配套设施和机械化挤奶站，村民承包羊舍进行规模养殖，合作社（奶站主）每千克收取 0.2~0.4 元的挤奶及羊奶冷贮费用。这种形式的养殖规模一般为 1 000 只左右。

（5）规模养殖场形式 主要由具有一定经济实力的企业或个体经营者投资兴建。这种规模化经营形式代表着产业发展的方向。有条件的地方可通过招商引资支撑，吸引社会资金加盟快速发展。

2. 奶山羊产业发展趋势 我国奶山羊产业的发展趋势与世界奶业的发展趋势相同，可用 8 个字来概况，即优质、高效、节粮、环保。要达到优质、高效、节粮和环保的目标，必须实施做大、做强我国奶山羊业的四大精品工程：一是选育良种奶山羊的精品工程，实现良种化，通过培育高产良种奶山羊改良我国大量的中低产奶山羊品种，大幅度提高奶山羊的产奶量；二是提高原料奶的精品工程，实现标准化，通过规模养殖、规范化饲养、机械化挤奶、冷链收购和贮运，为加工高附加值的山羊奶产品提供优质原料奶；三是山羊奶功能产品加工的精品工程，实现品牌化，通过技术攻关和工艺革新，不断开发高附加值的功能山羊奶新产品，为加工业反哺养殖业提供有效的利润空间；四是实施农民养羊致富工程，通过企业大幅度提高优质山羊奶的收购价格，促进农民规模养殖，带领农民养羊致富。

总之，我们有理由相信，在各级政府的大力重视下，在广大消费者的关爱下，在广大科技人员的努力下，在众多龙头企业的带动下，奶山羊产业必将成为一个新兴的朝阳产业。

（二）养殖效益分析

1. 养殖收入 奶山羊的养殖收入主要包括产羔收入、产奶收入、产粪收入 3 部分。以一年为一个养殖周期，分析如下：奶山羊为一胎多羔，一年一胎，经产成年奶山羊年平均产羔数为 2.48 只，每只奶山羊羔羊按当前市场行情，无论公羔、母羔均在每只 500 元以上，因此，产羔收入在 1 240 元以上；奶山羊主要经济收入为鲜奶收入，按照调查资料分析，经产成年奶山羊年平均产奶量为 500 千克，按当前市场行情，每千克 7 元计算，一个产奶周期产奶收入为 3 500 元；羊粪作为优质有机肥，见效快，肥效长，深受养殖者喜欢，一般在本地销售，每千克价格已达 0.6 元以上，按每只奶山羊年产羊粪700千克左右计算，每只羊羊粪收入约420元。

2. 养殖成本 养殖成本主要包括饲料、饲草、人工、水电、医药、固定资产折旧等，一年平均每只羊成本为3 500元。

3. 养殖效益 养殖效益为养殖总收入减去养殖成本，每只羊净收入约为1 660元。

二、奶山羊的生物学特性

（一）生活习性

1. 活泼好动，喜欢登高　奶山羊生性活泼，喜欢登高，除卧息反刍和采食外，大部分时间均在走走停停的运动中。羔羊一般持续站立超过 2 分者很少，多以游走为主结合站立交替进行。在此行为中，羔羊充分表现了活泼、敏感、攀高等特性，经常有前肢腾空、躯体直立、猛跑、跳跃等多种动作。如果有一只羔羊受惊乱跑，其他羔羊也会跟群狂跑。据曹斌云等（1984）测定，羔羊昼夜站立的总时间为 24.67 分，游走的时间为（303 ± 74.80）分，羔羊攀高次数一昼夜不少于 25 次，总时间为（53.25 ± 32.75）分。成年泌乳奶山羊，昼夜站立和游走的时间为（292.42 ± 81.20）分，占昼夜总时间的 20.31%；攀高次数不少于 18 次，所占的时间不少于 60 分。在舍饲情况下，可给奶山羊设置宽敞的运动场，在运动场建造假山、陡坡、攀登物，以符合奶山羊生物学特性。

2. 喜新爱鲜，厌旧恶霉　奶山羊喜欢新鲜、洁净的草料，拒食发霉变质、腐败、陈旧践踏过的饲草、饲料。同样的饲料，少给勤添，就会使其感到新鲜，增进食欲，增加采食量。如果在饲喂过程中，实行饲草、饲料多种搭配，或将几种饲草、饲料分别饲喂，或将同一种饲草、饲料调配成不同的状态、色泽、味道饲喂，也能促进其食欲。根据奶山羊这一特性，在饲喂过程中，不要一次放置过多草料，使羊感到不新鲜，从而厌倦采食，引起食欲下降。总之，在饲喂技术上，要让羊等草，不能草压槽，少给勤添，经常定期变换饲草、饲料的种类和饲喂量，同时注意，不要饲喂污染、霉败的饲草和饲料。

3. 喜饮清水，拒闻异味　水是奶山羊生命所需的最重要物质，如果水质不洁净，有异味，或放置时间过久，就会致使奶山羊饮水不足，轻者使产奶量下降，重者酿成疾病。如果要奶山羊最大限度地发挥泌乳潜力，必须供给其洁净的饮水。据测定，成年泌乳羊每昼夜饮水 8 次左右，羔羊为 11 次。一般在食后或运动之后大量饮水，天气炎热时饮水次数则更多。水中稍有污染，奶山羊就会拒绝饮用。在寒冷季节要用温水饮羊，水温一般在 25℃ 左右；在炎热季节，要给奶山羊饮足新鲜的温水，但不能给羊饮冰水。如果饮水比正常时少一半，那么，正处在泌乳盛期的奶山羊的泌乳量会迅速下降，而且以后也很难恢复到原来的水平。

4. 喜欢干燥，惧怕潮湿　奶山羊喜欢干燥，总爱在向阳、通风、凉爽的地方站立或休息。若羊的运动场或羊舍潮湿，羊宁肯站立也不躺卧休息。羊舍低洼或潮湿，不仅影响奶山羊的生长发育和产奶量，而且使奶山羊容易感染各种疾病，因此，在南方较潮湿的地方发展奶山羊，必须注意设置局部干燥的环境。

5. 机警敏捷，合群性强　奶山羊的神经比较敏感，属于活泼类型。它行动敏捷，对外界环境条件反应敏感，稍有风吹草动就能觉察。据观察，奶山羊的睡眠分两种状态，一种是香甜打鼾的深睡，另一种是似睡非睡的浅睡，后者多见。睡眠分两种姿势，一种是站立睡眠，一种是卧息睡眠，卧息睡眠多发生在反刍后。不论奶山羊是何种姿势和状态，睡眠的时间都是特别短暂。据测定，羔羊一昼夜用于睡眠的总时间占一昼夜的 13.5%，成年羊占 10.09%，夜间睡眠多发生在 22：30 至翌日 2：30，白天多集中在 12：30 ~ 13：30，且夜间睡眠大于白昼睡眠。每次睡眠的持续时间平均为 20 分。奶山羊即使在睡眠中，外界稍有响动，耳朵即竖立。正因为奶山羊对外界环境条件反应敏感，所以它害怕惊吓、抽打和突然袭击。奶山羊合群性强，不论是舍饲或放牧，都喜欢群居。无论是在睡眠或躺卧休息，都喜欢头尾相依，靠在一起。

6. 体小温驯，便于调教　奶山羊体小温驯，喜欢接受人的抚摸，易于领会人的意图。国外有人将奶山羊作为伴侣动物，一则为及时吃到新鲜洁净的山羊奶，二则为了调节生活乐趣。由于奶山羊体小温驯，喜欢接近人，懂得人的喜、怒、哀、乐，所以便于调教。通过调教，可使奶山羊定点排粪、尿，有秩序地自动上、下挤奶台，以及在固定的地方饮水、采食等。

7. 抗病力强，耐受性高　奶山羊对各种疾病的抵抗力比绵羊高，对疾病耐受性高，对各种大剂量的药物也有一定的耐受性。正因为抗病力强、耐受性高，往往发病初期不易被发现，结果导致病情恶化，难以治疗。所以，饲养人员必须时刻细致观察羊群，一旦有异常现象就应查找病因，及时采取治疗措施。

奶山羊独特的生理特点和生活习性，深刻地揭示了它适应性强、分布区域广、经济价值高的特质。

（二）消化特点

1. 草食动物，采食性广 奶山羊是以食草为主的家畜，采食植物的种类多，且能很好地利用其他动物不能利用的饲草和饲料。由于采食性广泛，所以对各种生态环境的适应性就强，分布区域就广。

2. 胃肠发达，采食量大 奶山羊属复胃动物，胃肠发达。4个胃中瘤胃最大。成年奶山羊的大肠、小肠和盲肠的总长度为 30 ～ 31 米，是体长的 30 多倍。成年泌乳奶山羊每昼夜采食干物质的量为（2.46±0.05）千克，占其体重的 4.32%；每昼夜用于采食的总时间为（245.6±56.81）分，占一昼夜的 17.06%。成年泌乳奶山羊昼夜采食次数为 16 次，羔羊为 18 次。奶山羊有如此强大的消化功能，是采食性广、采食量大、耐粗饲、产奶多的生理基础。

3. 嘴唇灵活，门齿发达 奶山羊嘴尖，牙利，门齿发达，行动灵活。所以奶山羊比绵羊能更好地利用青绿饲料，而且它们爱啃食短草、灌木、树叶和嫩枝。一些畜牧业发达的国家，也在积极研究如何充分利用奶山羊的这一特性，在放牧时将奶山羊、牛和绵羊结合起来，在控制载畜量的前提下，充分利用牧草资源，提高单位牧地上的畜产品产量。此外，还有一些国家利用奶山羊这一生物学特性，来抑制草场灌木丛的滋生和蔓延，改良草场。

4. 勤于反刍，消化率高 奶山羊是反刍动物。成年泌乳奶山羊每昼夜用于反刍的总时间为（537.83±77.57）分，占一昼夜的 37.53%：其中白昼为（167.41±31.42）分，占总反刍时间的 31.59%；夜晚为（367.42±56.24）分，占总反刍时间的 68.41%。夜晚反刍大于白昼，两者差异极显著（$p<0.01$）。羔羊每昼夜用于反刍的总时间为（423.67±84.14）分，占一昼夜的 29.42%；其中白昼为（188.42±42.16）分，占反刍总时间的 44.47%；夜晚为（235.25±63.89）分，占总反刍时间的 55.53%。夜晚反刍显著大于白昼（$p<0.05$）。成年泌乳奶山羊的昼夜反刍周期数为（21.25±4.00）次，其中白昼为（19.25±2.35）次，夜晚为（13.00±2.45）次，白昼反刍周期数显著大于夜晚（$p<0.05$）。羔羊昼夜反刍周期数为（21.25±4.00）次，其中白昼为（10.92±2.15）次，

夜晚为（10.33±2.57）次，白昼反刍周期数显著大于夜晚（$p<0.05$）。成年泌乳奶山羊食后反刍来临时间为（76.46±22.47）分，羔羊为（132.58±61.37）分，羔羊食后反刍来临时间迟于成年母羊。由于奶山羊采食后反刍时间长，所以消化率高。据报道，在亚热带和热带，奶山羊对粗纤维的消化率要比牛和绵羊分别高3.7%和29.1%。

5. 转化率大，产奶量多　在不同的生产用途中，产奶利用饲料中粗蛋白质的利用效率高。奶山羊将能量转化成奶的效率比转化成肉的效率高3～4倍。奶山羊相对产奶量高于奶牛。以西北农林科技大学所做的测试为例，奶山羊每千克体重年产奶12千克左右，而奶牛每千克体重年产奶10千克。

（三）繁殖特点

奶山羊性早熟，发情明显，受胎率高，妊娠期短，泌乳期长，繁殖周期短，多胎，多产，如西北农林科技大学的萨能奶山羊在3～4月龄性成熟，饲料条件好时，6～8月龄即可配种。暗发情或隐性发情者少见，受胎高达95%左右。据测定，奶山羊一次发情成熟的卵泡为2～5枚。一般产羔率在200%以上，一胎三羔者多见，有的品种可一年产两胎或两年产三胎，且利用年限较长，这对育种极为有利。

奶山羊是季节性发情动物，绝大部分奶山羊集中在秋季发情。据张一玲、渊锡藩（1987年）对陕西关中地区农村1 012只奶山羊发情时间分布统计，在9月下旬至11月下旬发情的母羊占90.2%。集中发情，有利于集中配种，也便于后期的统一管理。除此以外，奶山羊的性欲非常旺盛，特别是公羊，性反射快、强烈。交配的时间非常短促，在数分内便可完成交配活动，在阴茎插入母羊阴道数秒内便可引起排精反射，因此，在采精时应特别注意。

（四）泌乳规律

产奶性能是奶山羊的生物学特性在适宜的环境条件下的综合反映，亦是人们追求的一个重要经济指标，也成为检查奶山羊育种和饲养管理水平时不可代替的重要项目。研究奶山羊的泌乳规律，可为其饲养管理和选育工作提供依据。奶山羊在一生的各年龄时期，在一个泌乳期中的每个泌乳月中，产奶量不一样，且呈现一定规律性的变化。

1. 胎次与产奶量的关系 据测定，萨能奶山羊母羊在第一胎时的产奶量即达744.5千克，到第三胎产奶量最高，为959.7千克，第二胎和第四胎基本保持第三胎的产奶水平，变化不大。第二胎、第四胎、第五胎，产奶量为第三胎的90%以上，第六胎以后产奶量下降到不足第三胎产奶量的80%，以后，则下降的幅度更大。可见，奶山羊的最佳利用胎次在5胎以前。

2. 泌乳期内产奶量的变化

1）**胎次与最高泌乳日产奶量** 经分析，萨能奶山羊1～7胎的最高泌乳日产奶量表明，泌乳最多的第三胎，最高日产奶量在5千克以上，而第一胎、第二胎、第四胎、第五胎、第六胎最高日产奶量在4千克以上，第七胎最高日产奶量仅有3.7千克。最高日产奶量大多出现在第一至第四泌乳月，特别是在泌乳高峰月出现得较多，但也有不少的例外，说明最高日产奶量和本胎次产奶量有相关关系存在。

2）**胎次与最高泌乳月产奶量** 据统计，1～6胎的母羊均以第二泌乳月产奶量为其高峰月。第一至第五泌乳月为泌乳高峰期，第六泌乳月以后明显下降，高峰月的产奶量除第一胎占全泌乳期的12.91%外，其余均在13%以上，其中第三胎为13.52%。第一至第五泌乳月的产奶量，占本胎次60%以上。一般而言，1～4胎泌乳曲线很相似，只是后期变化大，泌乳量的差异主要在第五泌乳月以前，以后差异变小。

3）**胎次与最高泌乳旬的产奶量** 生产上一般将10天称作为一个泌乳旬，用泌乳旬来表示泌乳的变化规律更确切。据统计，第一胎、第三胎泌乳高峰出现在第五旬，第二胎、第四胎、第五胎为第六旬。第二胎、第四胎、第五胎的1～5旬为产奶量上升阶段，5旬为高峰期，13旬以后下降。各胎次1～10旬产奶量总和占全泌乳期产奶量的40%以上，1～15旬占到60%以上，说明在同一个泌乳期中，前期比后期对产奶量的影响大，与前述规律相符，说明这个时期正是饲养管理的关键时期。

3. 早期产奶量与后期产奶量的关系 分析表明，第一胎产奶量与1～5胎产奶量有极显著的正相关，$r=0.394$（$p<0.01$），说明第一胎产奶量高，则终生产奶量也高。在生产实践中，可以考虑，将第一胎产奶量作为选择的重要指标之一。第一胎产后30天、90天产奶量和最高日产奶量都与第一胎总产奶量有极显著的正相关，其相关系数分别为0.5684、0.6196、0.5354（$p<0.01$）。研究表明，产后30天、90天产奶量以及最高日产奶量都可以在一定程度上作为早期鉴定和选择奶山羊产奶的这一主要经济性状的重要指标。

三、奶山羊养殖场的建设标准化

（一）环境控制标准化

1. 场址选择要求

1）**水源**　羊场必须建在水源四季供应充足、水质良好、便于取用的地方，水源须清洁卫生。

2）**地势**　羊场应选择地势较高、排水良好、通风干燥的地方。

3）**土质**　应选择透水性强，导热性小、质地均匀和抗压性强的土壤。

4）**饲料资源**　在建场时，要充分考虑场周边地区的饲草饲料资源状况，尽可能地依靠周边草料资源来满足生产需要，为降低生产成本打好基础。

5）**疫情状况**　要对当地及周围地区的疫情做到充分了解，切忌在发生传染病和寄生虫病的疫区建场。羊舍要远离居民区和其他畜群。

6）**外界关系**　羊场场址的选择必须遵循社会公共卫生准则，使羊场不致成为周围环境的污染源，同时也要注意不受周围环境的污染。为此，羊场应设管理和生活区、生产和饲养区、生产辅助区、羊粪和废弃物堆贮或处理区、病羊隔离区，各区之间应相互隔离。运送饲料和鲜奶的道路应与运送羊粪、废弃物的道路分设。

2. 场区绿化　一般要求养羊场场区的绿化率（含草坪）要达到40%以上。

1）**场界绿化带**　在羊场场界周边种植乔木或者乔木灌木混合组成林带，一般由2~4行乔木组成。在场界的北、西两侧，可适当加宽这种混合林带，以起到防风阻沙的作用。场界绿化带一般以高大挺拔、枝叶茂密的杨树、柳树、榆树或常绿针叶树木为宜。

2）**场内隔离林带**　在羊场内不同功能分区之间可以设置乔木灌木混合林带。

一般中间种植 1~2 行乔木,两边种植灌木,宽度在 3~5 米为宜。该隔离带可防止人员、车辆和动物随意穿行,减少交叉感染的概率。

3）**道路两旁林带** 位于场区内外的道路两旁,一般由 1~2 行树木组成。树种可选择树冠整齐美观、枝叶开阔的乔木或亚乔木,如梧桐、白杨等。

4）**运动场遮阴林带** 在运动场南侧和西侧,可设置 1~2 行高大乔木,起到夏季遮阳的作用。运动场及圈舍周围种植爬藤植物,可以营建绿色保护屏障。

5）**办公区绿化** 主要种植一些花卉和常绿灌木。

6）**草地绿化** 奶山羊场内除林带外的空地需要种植花草,不应有裸露的地面。可选择一些动物可以食用的牧草或者农作物,如苜蓿（图 3-1）、黑麦、玉米、大豆和马铃薯等。

图 3-1　奶山羊场种植苜蓿

3. 场区粪污处理 羊粪便通常采用集中堆积发酵处理,也可与经过粉碎的秸秆、生物菌搅拌后,利用生物发酵技术,对羊粪进行发酵,制成有机肥。羊粪中的氮、磷、钾及微量营养素提供了维持作物生产所必需的营养物质,是一种速效、微碱性肥料,有机质多,具有肥效高且持久的特点,适于各种土壤施用。

1）**粪污处理量的估算** 粪污处理除了满足处理羊每日粪便排泄量外,还需将全场的污水排放量一并加以考虑。

2）**粪污处理工程规划** 粪污处理工程设施是现代集约化羊场建设必不可少的

项目，从建场伊始就要统筹考虑。其规划设计依据是粪污处理与综合利用工艺设计，需和羊场的排水工程综合考虑。不同羊场的粪污处理工程设施因处理工艺、投资、环境要求的不同而差异较大，实际工作中应根据环境要求、投资额度、地理与气候条件等因素先进行工艺设计。

规划内容一般包括：粪污收集（即清粪）、粪污运输（管道和车辆）、粪污处理场的选址及其占地规模的确定、处理场的平面布局、粪污处理设备选型与配套、粪污处理工程构筑物的形式与建设规模，要设置堆粪场（图3-2）。

图3-2　堆粪场

3）粪污处理原则　首先考虑其作为农田肥料的原料；充分考虑劳动力资源丰富的国情，不要一味追求全部机械化；选址时避免对周围环境的污染。还要充分考虑奶山羊场所处的地理与气候条件，严寒地区的堆粪时间长，场地要大，且收集设施与输送管道要防冻。

（二）圈舍建设标准化

1. 奶山羊场布局规划　奶山羊场中的建筑设施根据规模不同略有差异，一般的主要建筑包括羊舍（羔羊舍、育成羊舍、产奶羊舍、产房、病羊隔离舍）、挤奶室、兽医室、人工授精室、饲料库、青贮设施及生活管理区等。应依据有利于生产、防疫、运输与管理的原则，根据当地全年主风向和场区地势的走向，合理安排生活区、管理区、生产区和隔离区的功能划分。生活管理区一般设在场内大门口附近或场外，应处于上风口，以防人畜相互影响；生产区在中心位置；兽医室和病羊隔离舍应设在羊场的下风口，距羊舍应有适当距离，在病羊隔离附近应设置病羊尸体无害化处理设施。

2. 羊舍 建设羊舍时，应在两边墙上留有一定面积的窗户，使舍内空气形成对流，或者靠南的一面建成半开放式，以利于舍内废气的排出和降温，保证空气清新。可根据规模选用单列式或双列式，跨度不宜过宽：单列式羊舍为 6.0 ~ 6.5 米；双列式羊舍为 10.0 ~ 12.0 米，外带运动场（图 3-3）。羊舍的长度没有严格的限制，但是考虑到舍内环境条件、设备的安装和生产管理，一般以 50 ~ 80 米为宜。羊舍高度一般为 2.5 米左右，羊舍地面应高出舍外地面 20 ~ 30 厘米，相对坡度为 2% ~ 2.5%，根据地质情况，地面可选建混凝土、砖地、三合土及木质地面等。羊舍面积按种公羊和成年母羊每只 2 ~ 4 米^2，青年羊每只 1 ~ 2 米^2，羔羊每只 0.5 ~ 1 米^2，运动场面积按羊舍面积的 2 ~ 3 倍计算。

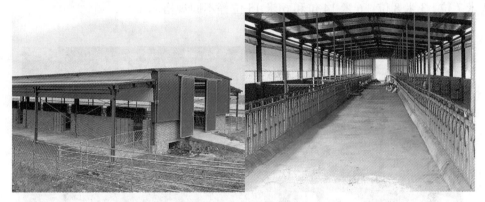

图 3-3　双列式羊舍及运动场

3. 青贮设施和草料库 青贮设施和草料库应建在地势高、干燥、地下水位低、土质坚实、易排水、便于取用的地方。青贮设施可选用青贮池（图 3-4）、青贮塔，

图 3-4　青贮池

其大小按每只羊 2 ～ 3 米³ 的容积规划建设。草料库因贮存品种不同应将精饲料、青干草库房分别建设。

（三）生产设施标准化

1. 羊舍内主要设施

1）**栅栏和颈夹**　根据饲养规模大小，用钢材焊接而成，隔栏可做成活动式，便于拆卸组合，用于羊的分群。饲喂通道两边可使用颈夹式栅栏（图 3-5），便于饲喂、进行羊只鉴定、分群、打耳标及防疫注射等操作。颈夹一般为联动式，有常规尺寸 3 米 7 位、3 米 8 位、6 米 14 位和 6 米 15 位等不同规格。

图 3-5　颈夹式栅栏

2）**饲槽**　用来饲喂饲草饲料的基本设施，根据建造方式和用途，大体可分为移动式、悬挂式、固定式饲槽。规模养殖场一般采用砖、水泥砌成的、平行排列的饲槽。一般上宽 50 厘米，深 20 ～ 25 厘米，槽高 40 ～ 50 厘米，槽底为圆弧形。农村散养户一般采用木板或铁皮制成的移动式饲槽。

3）**自动饮水器**　一般用于大规模养殖场，羊自动饮水器（图 3-6）可在市场购置，安装简易，与水管相连，可安装在墙上，羊触碰出水。

图 3-6　羊自动饮水器

4）漏粪地板和刮粪机　规模化羊场的羊舍现在普遍采用漏粪地板的设计，材质有竹子、水泥、塑料和复合材料等，缝隙宽度1.2~1.6厘米，不同类型的羊群，可选择不同规格的漏粪地板，漏粪地板下面安装刮粪机，净道一侧安装电机，污道一侧建积粪池，每天刮粪，可更好地保持羊舍环境卫生，保证羊群的生长发育（图3-7）。

图 3-7　漏粪地板和刮粪机

2. 挤奶站　挤奶站的建设规模与布局要依据生产规模大小、设备型号来确定。一般要建在产奶羊群的中心位置。挤奶设备有移动式挤奶机（适用于规模在100只以下的羊场）、平面高架式挤奶站（适用于规模在500只左右产奶羊的羊场）、坑道式挤奶站（适用于规模在1 000只左右产奶羊的羊场）、转盘式挤奶站（适宜于规模在2 000只左右产奶羊的羊场）（图3-8至图3-11）。

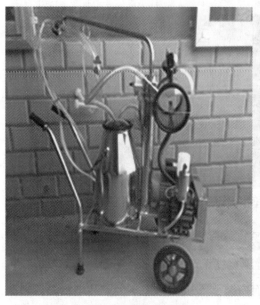

图 3-8　移动式挤奶机　　　　　　　　图 3-9　平面高架式挤奶站

图 3-10　坑道式挤奶站　　　　　　　图 3-11　转盘式挤奶站

（四）生产管理标准化

奶山羊养殖场的管理是一项系统工程，包括工作人员管理、生产组织管理和经营管理等诸多方面，是一项专业性强、连续性强的工作，其管理水平直接影响羊场的发展和壮大。影响羊场经营管理的因素有经营管理措施、羊只品种、自然资源、气候条件、工人素质和市场等，尤其经营管理措施和工人素质影响较大。所以，各地应根据当地的具体情况综合分析，选择切合实际的方式方法与规模，切忌盲目求大，加强奶羊场的各项管理工作。

1. 工作人员管理标准化 做好羊场工作人员的管理，确保一支敬业、懂技术的饲养人员队伍的稳定，是办好羊场的核心。但是，羊场的工人一般具有文化程度低、动手能力强而动脑能力弱的特点，管理起来有一定难度。所以，要制定切合本场实际情况的管理制度，加强文化知识的学习与引导，通过经济上的奖惩、制度上的约束等措施，营造和谐团结、爱岗敬业的工作氛围，以保持队伍稳定、凝聚力不散。在经营业绩较好、生产比较平稳的情况下，使他们能获得成功带来的满足与喜悦。

2. 生产组织管理标准化 奶山羊规模养殖场的生产组织管理具有明显的周期性和季节性，以每年的11月为新一轮生产的开始，翌年10月底为一胎（一年）生产结束。所以，在生产组织管理上，无论是制订生产计划还是组织实施，必须遵循这个规律，只有这样才能最大限度地避免风险，提高产能。因此，除了日常生产组织管理外，应重点抓好以下几项工作。

1）制订配种计划 制订配种计划是充分利用优良种公羊优选优育、防止品种退化的核心措施。这项工作在每年的7月底前就要完成，在每年的8月中旬到9月底按照计划组织实施。制订计划和组织实施要求措施得当，饲养员、配种员紧密协作，记录准确，操作规范，以提高发情期受胎率。一般来讲，母羊发情越集中越好，越便于产羔管理和羔羊管理。

2）饲料贮备 贮备足量优质饲草是基础中的基础。应根据群体规模，详细计算年度饲草用量，一般每只成年母羊每年应准备1吨青贮草、300千克青干草和700千克全价配合饲料。

青贮饲料最好使用全株青贮饲料，一般夏播玉米在9月初开始储备。青贮过早，产草量太低；青贮过晚，玉米秆的纤维木质化程度较高，造成饲料利用率下降。青干草的贮备各地可根据牧草资源情况灵活确定，最理想的青干草是紫花苜蓿，一般在每年的5~6月刈割晒制和收贮。总之，饲草贮备季节性较强，若错过季节，质量和数量都会发生重大变化。

3）**产羔管理** 产羔过程的管理是整个生产环节中的重中之重。在北方，由于产羔多集中在1~2月，气温较低，光照不足，饲草种类贫乏，若管理跟不上，母羊的发病率、死亡率、产羔成活率将很难保证。所以羊场管理者应该介入生产，重点抓好保温和接羔登记工作。

4）疫病防治 疫病防治是贯穿在整个生产环节中的一项具体而复杂的工作，作为管理者，应该时时处处把疾病预防工作放到首位。在预防上，要清楚羊场的发病史，更要随时了解周边地区羊病情况，有针对性地提出免疫计划和消毒防范措施，并且把好圈舍和环境定期消毒关，把预防注射作为一项长期坚持的任务，始终如一地贯穿在羊场管理的全过程。

羊场羊只发病，既有明显的季节性，也与生产周期关系较大，尤其是在羊只产羔前后，发病率、病死率是整个生产周期中较高的阶段。只要了解这些规律，就要提前介入，在防、治、养几个方面采取综合措施。若羊已发病了，再去治疗，往往会造成不良的后果，尤其是在生产较为平稳的 5~12 月，认为搞预防、消毒的工作投入不划算，稍有松懈，就会造成后期羊只发病很难控制的局面。所以，不仅要在措施上持之以恒，而且要时刻做好监测。例如羊流感、疥癣等在气候条件适宜的情况下传染性较快，因此在遇到低温、阴雨天气时，就要采取预防性治疗措施，积极防范。

3. 羊场经营管理要点 奶山羊场主要产品是山羊奶，所以在主抓产奶量的同时，更要注意抓山羊奶的质量。在山羊奶市场低迷期，要以育羊为主，以蓄积能量，打好基础。在高产期，育羊和产奶统筹兼顾，在确保羊群健康生长发育的条件下，充分发掘产奶量，实现收入增加的目的。奶山羊场的主要支出是饲草饲料和工人工资，占总支出的 80% 左右，所以，在饲料购进上，要紧盯市场，把握好时机，在价格较合理的区间购进，以降低成本。

四、奶山羊品种及繁育标准化

（一）奶山羊选育选配

1. 奶山羊品种的选育

1）品种选育的前提

（1）必须是纯种 所谓纯种就是指外貌特征相同、适应性一样、生产用途一致、个体间生产水平相差不大，且能将这些特征、特性稳定遗传的品种，如萨能奶山羊、吐根堡奶山羊等品种。在这些品种内，虽然控制优良性状的基因在该群体中有较高的频率，但仍需要经常性地开展选育工作。不然，由于遗传突变、自然选择等作用，优良性状的基因的频率就会降低，甚至消失，品种就会退化。为了保持和发展奶山羊优良性状，并克服个别缺点，进行本品种选育也是十分必要的。

（2）必须拥有一定的数量 没有数量，就不可能提高质量，在一个品种内更是这样。因为数量不足，就无法开展选育工作，会造成近交退化。

一般要求当地奶山羊品种的数量不少于 3 000 头，新引进的奶山羊应在 50 头以上，且种公羊不少于 5 头。

（3）必须有较高的生产能力 生产能力的高低与该项生产经营收益的大小直接相关。若生产能力低，无法获得经济效益，那么也就没有选育的必要。一般而言，地方兼用品种的奶山羊年产奶量应不低于 300 千克，纯种奶山羊应不低于 600 千克。然后在此基础上加以选育提高，方能更好地发挥其经济效益。

2）品种选育的原则 要千方百计发扬品种的优点。

奶山羊不同的品种都是在各种特定的生态环境条件下，经过长期选择和培育形成的，因此它们都能适应当地的自然条件和社会经济条件，并具有独特的优点，如适应性强、耐粗饲、抗病、耐热、耐寒、产羔多、乳脂率高等，这些独特的优点，无疑是受其优秀基因所支配的，这些品种都是我国珍贵的基因库。可见，保持和利用这些基因库的基因，是品种选育的一项重要内容。

（1）采取切实措施克服奶山羊品种的缺点　任何品种都不是完美无缺的，一般而言，当地品种生长发育慢，体格小，乳用性差，产奶少。因此，我们要针对品种的缺点，采取行之有效的措施，克服其缺点。

（2）进一步提高生产性能　不论当地品种，还是引入的品种，都要在原来的基础上，明确目标，制定出切实可行的措施提高其生产水平。提高产奶量，方能使该品种经久不衰，发挥其更大的经济效益。

（3）搞好选种选配　加强选种选配是搞好品种选育的一个重要原则，在选种时应针对每一个品种的具体情况，突出重点，集中几个主要性状进行选择，主要是要选择产奶量这一重要的经济性状，这样可以加大选择强度，提高选育的效率。在选配方面，可根据品种选育的不同要求，采取不同方式。在育种场的核心群，为了建立品系或纯化，可以采取不同程度的近交，以优配优，培育高产个体，特别是种公羊。在改良区（家庭养羊）应避免近交，主要应用含有高产基因的公羊杂交，提高当地羊的生产水平。

（4）加强科学的饲养管理和培育　良种只有在适宜的饲养管理条件下，才能发挥其高产的潜力。我国有些地方品种虽然长期选育，但生长性能总徘徊不前，甚至还有所下降，其主要原因是饲养管理不当，营养缺乏或不全价。除了抓好成年羊的饲养管理工作外，还应搞好羔羊和青年羊的培育，按照其生长发育要求，提供充足的营养，并应设法创造放牧条件，实行半舍饲半放牧的饲养管理方式，这样才能更好地发挥本品种的生产潜力。

3）品种选育的措施

（1）加强领导和建立选育机构　在开展品种选育时，必须加强领导和建立相应的选育协作组织，这是开展品种选育的组织保证。选育协作组织建立后，应定期进行调查研究，搞清该品种的主要性能、优点、缺点、数量、分布、形成和历史条件及当地群众的喜好等，然后再确定选育方向，拟定选育目标，制订统一的选育计划，并及时总结经验教训，推广先进的生产技术和育种措施。

（2）健全繁育体系　在品种内应建立选育的核心群，这种核心群可设在规模较大的育种场，亦可建在羊群质量高和饲养管理稳定的一些自然村落的家庭养羊户，除此以外，还应建立良种繁育基地和一般繁殖饲养的生产区域。核心群培育优良种羊，分期分批，择优集中分到重点繁育基地，然后再由繁育基地输送到相应的生产区域的广大养羊户手中。主管部门或选育协作组，要统筹安排，因地制宜选择繁育基地和种羊推广区域，并坚持种羊推广和技术输出为一体，先试验后推广的原则，这样才能更好地做好选育工作。

（3）搞好鉴定工作，定期评比检查　每年 1～2 次对所有种羊或留种羔羊、青年羊进行鉴定，选优去劣，不断提高，是做好本品种选育的关键技术措施。鉴定时应按照统一的规定，及时、准确地做好各种性能测定工作，并加以认真标号和记载，建立健全种羊档案或卡片，这是选种选配的重要依据。条件成熟时可实行良种登记制度，定期公开出版良种登记簿。对评选出来的优良种羊巡回展览，或定期举行赛羊会，表彰先进的养羊户和先进个人，推动选育工作的更好开展。

（4）大力开展人工授精和冷冻精液配种工作　人工授精可以扩大种公羊的配种率，迅速改良羊只的品质，提高生产性能，是应该大力提倡和开展的一项技术工作。近年来，有些地方已成功地进行冷冻精液的配种试验，取得很好的效果，应迅速普及推广。因为冷冻精液不受时间、地域及公羊生命的限制，所以更有利于充分发挥优良种公羊的改良作用。现阶段在优良纯种乳用种公羊奇缺的情况下，更应大力开展这一工作。

（5）开展品系繁育　所谓品系繁育就是在一个品种内，选择一些突出优点的种羊，围绕它进行选同交配或近交繁育而建立的一个特征鲜明的类群，其目的是在一个品种内造成差别，然后开展品系间杂交，以迅速加快选育进度。国内外良种选育的实践证明，不论是新育成的品种还是原来的地方品种，采用品系繁育都能较快地提高本品种的生产性能，因此，这也是搞好本品种选育的一项得力技术措施。

2. 标准化选种技术　种羊的好坏是养羊业成败的关键因素，对种羊进行选择就称为选种。选种工作开展得是否科学、到位，不仅影响到种羊群生产潜力的发挥，还影响后代的生产性能和养羊业的经济效益。选择种羊的主要目的是提高后代的数量和质量，即选择理想的公母羊留种，淘汰较差的个体，使群体中优秀个体具有更多的繁殖后代的机会，以提高后代群体的遗传素质和生产性能。

生产中种羊主要是根据体型外貌、生理特点、生产性能记录资料进行选择，选种时群体选择和个体选择应交叉进行。

1）根据体型外貌和生理特点选择　羊的鉴定有个体鉴定和等级鉴定两种：个

体鉴定要按项目进行逐项记载；等级鉴定则不做具体的个体记录，只写等级编号。

需要进行个体鉴定的羊包括特级、一级公羊和其他各级种用公羊，准备出售的成年公羊和公羔，特级母羊和指定做后裔测验的母羊及其羔羊。除进行个体鉴定的羊以外都做等级鉴定。具体可参照有关羊品种的国家标准和农业行业标准。没有相关标准的羊品种等级标准可根据育种目标的要求自行制定选育标准。

羊的鉴定一般在体型外貌、生产性能达到充分表现，且有可能做出正确判断的时候进行。公羊一般在到了成年，母羊第一次产羔后对生产性能予以测定。为了培育优良羔羊，对初生、断奶、6月龄、1周岁的羔羊都要进行鉴定。后代的品质也要进行鉴定，主要通过各项生产性能测定来进行。后代品质的鉴定是选种的重要依据。凡是不符合要求的应及时淘汰，合乎标准的作为种用。除了对个体鉴定和后裔的测验之外，对种羊和后裔的适应性、抗病力等方面也要进行考察。

羊的个体鉴定首先要确定羊的健康情况，健康是生产的最重要基础。健康无病的羊一般活泼好动，肢势端正，乳房形态、功能好，体况良好，不过肥也不过瘦，精神饱满，食欲良好，不会离群索居。

在健康的基础上进行羊的外貌鉴定，体型外貌应符合品种标准，无明显失格，具体方法如下。

（1）嘴形　正常的羊嘴是上颌和下颌对齐。上颌和下颌轻度对合不良问题不大，但比较严重时就会影响正常采食。要确定羊上颌和下颌齐合情况，宜从侧面观察。若下颌或上颌突出，则属于遗传缺陷。下颌短者，俗称鹦鹉嘴；上颌短者，俗称猴子嘴。

（2）牙齿　羊的牙齿状况依赖于对食物及其生活的土壤环境。采食粗饲料多的羊牙齿磨损较快。在咀嚼功能方面，臼齿较切齿更重要。它们主要负责磨碎食物。要评价羊的牙齿磨损情况，需要进行检查。不要直接将手指伸进羊口中，否则会被咬伤。臼齿有问题的羊多伴有呼吸急促。

（3）蹄部和腿部　健康的羊，应是肢势端正，球节和膝部关节坚实，角度合适。肩胛部、髋骨、球节倾角适宜，一般应为45°左右，不能太直，也不能过分倾斜。蹄部、腿部有轻微毛病者一般不影响生活力和生产性能。

（4）体型和体格　不同用途的羊体型应符合生产方向的要求，如肉用羊体型应呈细致疏松型，乳用羊体型为细致紧凑型，而毛用羊体型则为细致疏松型。各种用途的羊的体格都要求骨骼坚实，各部连接良好，躯体大。公羊应外表健壮，雄性十足，肌肉丰满。母羊一般体质细腻，头清秀细长，身体各部角度线条比较清晰。

（5）乳房　乳房发育不良的母羊没有种用价值。母羊乳房大小因年龄和生理状态不同而异。应触诊乳房，确定是否健康无病和功能正常。若乳房坚硬或有肿块者，应及时淘汰。乳房应有两个功能性的乳头，乳头应无失格。乳房下垂、乳头过大者都不宜留种。此外，也应对公羊的乳头进行检查，公羊也应有两个发育适度的乳头。

（6）睾丸　公羊睾丸的检查需要触诊。正常的睾丸应是质地坚实，大小均衡，在阴囊中移动比较灵活。若有硬块，有可能患有睾丸炎或附睾炎。若睾丸质地正常，但睾丸和阴囊周径较小，也不宜留种。阴囊周径随品种、体况、季节变化，青年公羊的阴囊大小一般应在 30 厘米以上，成年公羊的阴囊应在 32 厘米以上。

2）根据羊的生产性能记录资料进行选择　羊的生产性能指的是主要经济性状的生产能力，包括产肉性能、产毛性能、毛皮性能、产乳性能、生长发育性能、生活力和繁殖性能等，依据评价指标在生产中对种羊的生产性能进行评定，指导种羊群的选种和育种工作。同时，必须系统记录羊的生产性能测定结果，根据测定内容不同设计不同形式的记录表格，可以是纸质表格，也可以建立电子记录档案，保存在计算机中，特别是记录时间长、数据量大时使用电子记录更便于进行相关数据分析。

种羊场应该做好羊主要经济性状的成绩记录，应用记录资料的统计结果采取适当的选种方法，能够获得更好的选育效果。

（1）根据系谱资料进行选择　这种选择方法适合于尚无生产性能记录的羔羊、育成羊或后备种羊，根据它们的双亲和祖代的记录成绩和遗传结果进行选择。系谱审查要求有详细记载，因此凡是自繁的种羊应做详细的记录，购买种羊时要向出售单位和个人，索取卡片资料，在缺少记录的情况下，只能根据羊的个体鉴定作为选种的依据，无法进行血统的审查。

（2）根据本身成绩进行选择　本身成绩是羊生产性能在一定饲养管理条件下的现实表现，它反映了羊自身已经达到的生产水平，是种羊选择的重要依据。这种选择法对遗传力高的性状（如肉用性能）选择效果较好，因为这类性状稳定遗传的可能性大，只要选择了好的亲本就容易获得好的后代。

（3）根据同胞成绩进行选择　可根据全同胞和半同胞两种成绩进行选择。同父同母的后代个体间互称全同胞，同父异母或同母异父的后代个体间互称半同胞。它们之间有共同的祖先，在遗传上有一定的相似性，它能对种羊本身不表现性状的生产优势做出判断。这种选择方法适合限性性状或活体难度量性状的选择，如种公羊的产羔潜力、产乳潜力就只能用全同胞、半同胞母羊的产羔或产乳成绩来选择，种羊的屠宰性能则以屠宰的全同胞、半同胞的实测成绩来选择。

（4）根据后裔成绩进行选择　根据系谱、本身记录和同胞成绩选择可以确定选择种羊个体的生产性能，其生产性能是否能真实稳定地遗传给后代，就要根据其所产后代（后裔）的成绩进行评定，这样就能比较准确地选出优秀种羊个体。但是，这种选择方法经历的时间长，耗费的人力、物力多，一般只有非常重要的选种工作才会开展后裔测定，如通过近交建系法建立优秀家系则可以采用此法。

公羊后裔测定的基本方法是：使公羊与相同数量、生产性能相似的母羊进行交配。然后记录母羊号、母羊年龄、产羔数、羔羊初生重、断奶日龄等信息，计算矫正 90 日龄断奶重、断奶比率等指标，然后进行比较。在产羔数相近的情况下，以 90 日断奶重和断奶比率为主比较公羊的优劣。

（5）根据综合记录资料进行选择　反映种羊生产性能的有多个性状，每个性状的选择可靠性对不同的记录资料有一定差异。对成年种羊来说其亲本、后代、自身等均有生产性能记录资料，就可以根据不同性状与这些资料的相关性大小，上下代成绩表现进行综合选择，以选留更好的种羊。

3. 标准化选配技术　所谓选配，就是在选种的基础上，有目的、有计划地选择优良公羊、母羊进行交配，有意识地组合后代的遗传基础，获得体质外貌理想和生产性能优良的后代。选配是选种工作的继续，决定着整个羊群以后的改进和发展方向，选配是双向的，既要为母羊选取最合适的与配公羊，也要为公羊选取最合适的与配母羊。因此，在规模化的奶山羊育种工作中，它们是两个相互联系、不可分割的重要环节，是改良和提高羊群品质最基础的方法。选配的作用在于巩固选种效果。通过正确的选配，使亲代的固有优良性状稳定地传给下一代；把分散在双亲个体上的不同优良性状结合起来传给下一代；把细微的、不甚明显的优良性状累积起来传给下一代；对不良性状、缺陷性状给予削弱或淘汰。

1）选配的原则

（1）选配要与选种紧密地结合起来　选种要考虑选配的需要，为其提供必要的资料；选配要和选种配合，使双亲有益性状固定下来并传给后代。

（2）要用最好的公羊选配最好的母羊　要求公羊的品质和生产性能，必须高于母羊；较差的母羊，也要尽可能与较好的公羊交配，使后代得到一定程度的改善，一般二、三级公羊不能作种用，不允许有相同缺点的公羊、母羊进行选配。

（3）要尽量利用好的种公羊　种公羊需经过后裔测验，在遗传性未经证实之前，选配可按羊体型外貌和生产性能进行。另外，种公羊的优劣要根据后代品质做出判断，因此要有详细和系统的记录。

　　2）选配的方法　羊的选配可分为表型选配和亲缘选配两种方法。表型选配是以与配公、母羊个体本身的表型特征作为选配的依据，主要根据个体鉴定，生产性能，血统和后代品质等情况决定交配双方；亲缘选配则是根据双方的血缘关系进行选配。这两类选配都可以分为同质选配和异质选配，其中亲缘选配的同质选配和异质选配，即指近交和远交。

　　（1）表型选配　又称为品质选配，它可分为同质选配、异质选配及等级选配。搞好品质选配，既能巩固优秀公羊的良好品质，又能改善品质欠佳的母羊品质，故肉用羊应广泛进行表型选配。

　　①同质选配是指具有同样优良性状和特点的公羊、母羊之间的交配，以便使相同特点能够在后代身上得以巩固和继续提高。通常特级羊和一级羊是属于品种理想的羊只，它们之间的交配具有同质选配的性质；或者当羊群中出现优良公羊时，为使其优良品质和突出特点能够在后代中得以保存和发展，则可选用同羊群中具有同样品质和优点的母羊与之交配，这也属于同质选配。

　　生产中不要过分强调同质选配的优点，否则容易造成单方面的过度发育，使体质变弱，生活力降低。因此在繁育过程中的同质选配，可根据育种工作的实际需要而定。

　　②异质选配是指选择在主要性状上不同的公羊、母羊进行交配，目的在于使公羊、母羊所具备的不同的优良性状在后代身上得到结合，或者是用公羊的优点纠正或克服与配母羊的缺点或不足。用特级、一级公羊配二级以下母羊即具有异质选配的性质。

　　③等级选配是根据公羊、母羊的综合评定等级，选择适合的公羊、母羊进行交配，既可以是同质选配（特级、一级母羊与特级、一级公羊的选配），也可以是异质选配（二级以下的母羊与二级及其以上等级公羊的选配）。

　　（2）亲缘选配　是指选择有一定亲缘关系的公羊、母羊交配。按交配双方血缘关系的远近又可分为近交和远交两种。近交是指交配双方到共同祖先的代数之和在六代以内的个体间的交配，反之则为远交。近交在养羊业中主要用来固定优良性状，保持优良血统，提高羊群同质性。近交在育种工作中具有其特殊作用，但近交又有其危害性（近交衰退），故在生产中应尽量避免近交，不可滥用。

亲缘选配的作用在于遗传性稳定，但亲缘选配容易引起后代的生活力降低，羔羊体质弱，体格变小，生产性能降低。亲缘交配，应采取下列措施，预防不良后果的产生：

①严格选择和淘汰。必须根据体质和外貌来选配，使用强壮的公羊、母羊配种可以减轻不良后果。亲缘选配所产生的后代，要仔细鉴别，选留那些体质坚实和健壮的个体做种羊。体质弱，生活力低的个体应予以淘汰。

②血缘更新。就是把亲缘选配的后代与没有血缘关系并培育在不同条件下的同品种个体进行选配，可以获得生命力强和生产性能好的后代。

（二）品种繁育标准化

1. 母羊的发情鉴定

1）初配年龄与体重　奶山羊母羊性成熟早，在 4 月龄左右生殖系统已初步发育完善，但由于其属季节性发情动物，受光照、体格发育等因素的影响，一般在夏末秋初才出现发情表现，所以初配年龄一般在 9 ~ 12 月龄，体重在 35 千克左右较为适宜。过早配种对羊只的体格发育、泌乳性能和利用年限都有较大负面影响。

2）发情与表现　处于发情期的母山羊，精神兴奋不安，爬墙、抵门，喜欢接近公羊，食欲减退，泌乳量下降，放牧羊时常有离群现象。阴部肿胀，阴道充血、肿胀、松弛、流蛋清样黏液，不停摇尾，当用手按压其臀部，摇尾更甚。初次发情的青年母羊表现不很明显。发情周期一般为 20 天左右，持续 1 ~ 2 天。

3）发情鉴定　母羊的发情鉴定一般采用外部观察法和试情法两种。

①外部观察法是依据发情表现，判断是否发情，但对发情表现特征不明显的隐性发情母羊难以发现。此法适用于散养或无自备公羊的群体。

②试情法是将种用价值不高的无精症或精液品质较差但性欲旺盛的公羊，施行输精管结扎手术或腋下拴系试情布（盖住公羊阴茎的干净布）后，仍然可以爬跨发情母羊，利用性交行为来测试接受公羊爬跨的母羊为发情羊的一种方法。此法仅适用于规模养殖和备有种公羊的群体，试情公羊与母羊的比例以 1∶（40 ~ 50）为宜。

2. 羊人工授精技术　目前，羊的人工授精技术在规模化羊场已较广泛应用，以精液常温和低温保存为主；羊的冷冻精液人工授精技术虽然有个别羊场为了加速品种改良而应用，但因受胎率过低，未能像牛的冷冻精液人工授精技术一样广泛开展。

1）羊场人工授精场所与物品准备

（1）人工授精场所　主要包括采精（输精）室和实验室两部分。采精（输精）室面积为 30～40 米^2，要求宽畅、明亮、地面平整、安静、清洁，备有台羊保定架、输精架和假台羊等设施，附设紫外线照射杀菌设备。实验室要求面积为 8～10 米^2，屋顶、墙壁平整清洁，室温应保持在 18～25℃，设置紫外线照射杀菌设备。

羊场实际生产中，采精室可因地制宜，采用敞开棚舍，或直接在室外进行，选择某一开阔地，固定好台羊保定架或人工保定台羊，即可采精；输精可直接在母羊圈中进行，更加方便。但实验室必须在室内，且备有必需的检精设备。

（2）人工授精所需设备及药品　羊人工授精站所需主要仪器、设备及物品见表4-1、羊人工授精站所需药品及试剂见表4-2。

表4-1　羊人工授精站所需主要仪器、设备和物品

序号	名称	规格	数量
1	显微镜	300～600 倍	1 架
2	纯水仪	小型	1 套
3	天平	0.1～100 克	1 台
4	假阴道外壳		4 个
5	假阴道内胎		8～12 条
6	假阴道塞子（带气嘴）		6～8 个
7	输精器	1 毫升	8～12 支
8	集精杯		8～12 个
9	金属开膣器	大、小两种	各 2～3 个
10	温度计	100℃	4～6 支
11	载玻片		1 盒
12	盖玻片		1～2 盒
13	酒精灯		2 个
14	玻璃量筒	50 毫升，100 毫升，500 毫升	各 1 个
15	烧杯	500 毫升	2 个
16	带盖不锈钢杯	250 毫升，500 毫升	各 2～3 个
17	不锈钢托盘	40 厘米 × 50 厘米	2 个

序号	名称	规格	数量
18	普通蒸锅	27～29厘米，带蒸笼	1个
19	高压锅	28厘米	1个
20	血细胞计数板		1套
21	手握计数器		2个
22	热水瓶		各2个
23	长柄镊子		2把
24	剪刀	直头	2把
25	吸管	1毫升	2支
26	水浴锅	小型	1个
27	玻璃棒	0.2厘米，0.5厘米	200支
28	药勺	角质	2个
29	试管刷	大、中、小三种	各2个
30	擦镜纸		100张
31	试管		2～3个
32	纱布	医用	适量
33	脱脂棉	医用	适量
34	试情布	30厘米×40厘米	30～50条
35	头灯	可充电	3个
36	不锈钢推车		2个
37	耳号钳		2把
38	耳号		
39	采精保定架		1个
40	输精架		2个

表4-2 羊人工授精站所需药品及试剂

序号	名称	规格	数量
1	乙醇	75%，500毫升	6～8瓶
2	氯化钠	化学纯，500克	1～2瓶
3	碳酸氢钠		1.5～3千克
4	白凡士林		2瓶
5	高锰酸钾	250克	1瓶
6	碘酊	500毫升	1瓶
7	苯扎溴铵	500毫升	2瓶

（3）器械清洁与消毒　采精与输精过程中与精液接触的所有器械都要消毒，并保持清洁、干燥，存放在清洁的柜内或烘干箱中备用。

①假阴道要用2%碳酸氢钠（小苏打）溶液清洗，再用清水冲洗数次，然后用75%乙醇消毒，使用前用生理盐水冲洗。

②集精瓶、输精器、玻璃棒和存放稀释液及生理盐水的玻璃器皿洗净后要经过30分的蒸汽消毒，使用前用生理盐水冲洗数次。

③金属制品如开膣器、镊子、盘子等，用2%碳酸氢钠溶液清洗，再用清水冲洗数次，擦干后用75%乙醇或进行酒精灯火焰消毒。

2）人工授精技术操作流程　人工授精技术是一项综合性的繁殖技术体系，其技术操作流程如下：采精→精液品质检查→精液稀释保存→精液运输→母羊发情鉴定→输精。

（1）采精　羊的采精主要采用假阴道采精法，就是利用假阴道收集公羊的精液。整个采精过程要做好以下4点：一是全量，能完整地收集到一次全部射精量；二是原质，采精过程不能造成精液的污染或精液品质的改变；三是无损伤，不能造成公畜的损伤，也不能造成精子的损伤；四是简便，整个采精操作过程要求尽量简便。

①台羊的准备。台羊有真台羊和假台羊两种。真台羊可以人为保定，也可以使用保定架，台羊保定架结构类似牛的采精架，尺寸根据台羊体格大小而定；假台羊是按母羊体型高低、大小用钢管或木料做支架，在支架背上铺棉絮或泡沫塑料等，再包裹一层羊皮或麻袋、人造革等，假台羊内可设计固定假阴道的装置，可以调节假阴道的高低。

采用真台羊采精时，用发情良好的母羊效果最好，有利于刺激种公羊的性反射。真台羊最好是健康、体壮、大小适中、性情温驯且发情征兆明显的母羊。用不发情的母羊做台羊不能引起公羊性欲时，可先用发情的母羊训练公羊采精，然后再用不发情的母羊做台羊。

②公羊的准备。公羊应体况适中，防止过肥和过瘦；饲喂全价饲料；适当运动；定期检疫；定期清洗。春季公羊的精液品质相对较差，在此时间，可补充高蛋白质饲料，如每天可拌料饲喂2～3枚生鸡蛋，保证每天有2小时的运动时间，对传染性疾病要根据情况每月进行检测，每周和采精前将生殖器官清洗、消毒。采精前应调整公羊的性欲到最佳状态。

种公羊采精调教方法：

A.外激素法。将发情母羊的外阴分泌物涂擦到公羊的鼻孔周围，通过气味刺激诱导其爬跨台羊。

B.偷梁换柱法。首先用发情母羊诱导公羊爬跨，等性欲增强后，将发情母羊牵走，让其爬跨台羊。

C.榜样示范法。在采精室的一侧设有采精调教位置，在训练好的公羊正在采精时，让其在旁边观看，通过观察，自然就开始爬跨台羊。

公羊调教时应注意的事项：调教过程中，要反复进行训练，耐心诱导，切勿施用强迫、恐吓、抽打等不良刺激，以防止性抑制而给调教造成困难；调教时应注意公羊外生殖器的清洁卫生，对包皮和后躯清洗干净，防止生殖器官的损伤或污染；最好选择在早上调教，早上精力充沛，性欲盛；调教时间、地点要固定，每次调教时间不宜超过 30 分。

③假阴道的安装。假阴道是模拟发情母羊阴道内环境而设计制成的一种装置。假阴道主要有 3 个部件构成：内胎、外壳、集精杯。

假阴道的安装与调试：

A.安装。将内胎装入外壳，光面朝内，要求两头等长，将内胎翻套在外壳上，勿使内胎有扭转的情况，松紧适度，然后在两端分别套上橡皮圈固定。

B.注水。50～55℃温水从注水孔灌入，水量以占内胎与外壳之间容积的 1/3～1/2 为宜。实践中可竖立假阴道，水达到注水孔即可。最后装上带活塞的气嘴，并将活塞关好。

C.消毒。事先内胎已消毒过，安装过程中有可能被污染，用长柄钳夹生理盐水棉球，伸入到外壳长度 2/3 处，从里向外旋转多次擦拭。然后将消毒好的集精杯安装在假阴道的一端。

D.润滑剂。用消毒玻璃棒取少许凡士林在内胎上涂抹一薄层，深度以假阴道前 1/3～1/2 处为宜，从里向外旋转涂抹，不要太多，以免污染精液。

E.测温。用消毒的温度计检查假阴道内部温度，以采精时达到 39～42℃为宜。若温度过高或过低，可注冷水或热水调温。

F.注气。调压温度适宜时，用二联球通过注水孔注气，使涂凡士林一端的内胎壁贴合，呈"Y"形或"X"形。最后用消毒纱布盖好入口，放入恒温箱中若干个备用。

④采精。将真台羊人为或用采精架保定，台羊的外阴及后躯用 0.1% 高锰酸钾

溶液冲洗干净并擦干。公羊的生殖器官也用 0.1% 高锰酸钾溶液清洗消毒，尤其要将包皮部分清洗消毒干净。

将种公羊牵到台羊旁，采精员应蹲在台羊的右后侧，手持假阴道，随时准备将假阴道固定在台羊的尻部。当公羊阴茎伸出，跃上台羊后，采精员手持假阴道，迅速将假阴道筒口向下倾斜与公羊阴茎伸出方向成一直线，用左手在包皮开口的后方，掌心向上托住包皮（切不可用手抓握阴茎，否则会使阴茎缩回），将阴茎拨向右侧把精液导入假阴道内。当公羊用力向前一冲后，即表示射精完毕。射精时，采精员同时把假阴道的集精杯一端略向下倾斜，以便精液流入集精杯中。当公羊跳下时，假阴道应随着阴茎后移，不要抽出。当阴茎由假阴道自行脱出后，立即将假阴道直立，筒口向上，并立即送至精液处理室内，放气后，取下集精杯，盖上盖子。

采精时应注意，羊从阴茎勃起到射精只有很短的时间，所以要求操作人员动作敏捷、准确。公羊第一次射精后，可休息 15 分后进行第二次采精。采精前应更换新的集精杯，并重新调温、调压。最好准备两个假阴道，第二次采精后，让公羊略作休息，然后赶回羊舍。

⑤采精频率。通常以每周计算。春季公羊精液量和品质最差，此时不宜采精；秋季公羊性欲好，通常每周可采精 7 ~ 20 次。对于常年采精公羊，采精频率通常为每周 2 天，每天 2 次。生产中主要根据精液品质与公羊的性功能状况而定。

（2）精液品质检查　精液品质检查的目的是鉴定精液品质的优劣，以便决定配种负担能力，同时也反映出公羊饲养管理水平和生殖功能状态、技术操作水平，并依此作为精液稀释、保存和运输效果的依据。

精液的质量受到公羊本身的生精能力、健康状况，以及采集方法、处理方法等的影响，并且采集到的精液还要在体外进行一系列的处理，因此，检查精液品质是人工授精技术中一个非常重要的技术环节。

①精液的外观检查。

A. 射精量。射精量是指公羊每次射精的体积。以连续 3 次以上正常采集到的精液的平均值代表射精量，测定方法可用体积测量容器，如刻度试管或量筒。

正常射精量，公羊在繁殖季节射精量在 0.8 ~ 1.5 毫升，平均 1.2 毫升，在非繁殖季节射精量在 1 毫升以内。

不正常射精量，射精量超出正常范围的均认为是射精量不正常，必须查明原因。射精量太多，可能是由于副性腺分泌物过多或其他异物（尿、假阴道漏水）混入所致；

过少，可能是由于采精技术不当、采精过频或生殖器官机能衰退所致。凡是混入尿、水及其他不良异物的精液，均不能使用。

B. 精液色泽。羊精液的颜色一般为白色或乳白色，羊的精液在密度高时呈现浅黄色，总体颜色因精子浓度高低而异，乳白色程度越重，表示精子浓度越高。若精液颜色异常，表明公羊生殖器官有疾病。例如，精液呈淡绿色表示混有脓汁，呈淡红色是混有血液，呈黄色是混入尿液等。诸如此类色泽的精液，应该弃去。

C. 精液气味。羊精液一般无特殊气味或略有膻味，若有异味就不正常。

D. 云雾状程度。正常羊精液因精子密度大则混浊不透明，肉眼观察时，由于精子运动形成云雾状翻腾，云雾状翻腾越明显，说明精液的密度和活力就越好。

②显微镜检查。

A. 精子活力。活力也称为活率，指 37℃ 环境下，精液中前进运动精子占总精子数的比率。活力是精液检查最重要的指标之一，在采精后、稀释前后，保存和运输前后、输精前后都要进行检查。

精子活力评价：如果精液中有 80% 的精子做直线运动，评定为 0.8；50% 的精子做直线运动，评定为 0.5；以此类推。羊新鲜精液精子活力 ≥ 0.7，才可以用于人工授精和冷冻精液制作；羊冷冻精液解冻后的活力 ≥ 0.3，才可以使用。

通常对精子活力的描述为做直线前进运动，但实际上，无论从精子本身特点还是运动轨迹，是不可能按直线前进的，只不过是在围绕较大半径做绕圈运动。

精子活力测定需要的仪器设备主要有生物显微镜、显微镜恒温加热板、载玻片、盖玻片、生理盐水、滴管、移液枪等。测定方法为：将恒温加热板放在载物台上，打开电源并调整控制温度至 37℃，然后放上载玻片。在生理盐水与精液等温后，按 1∶10 稀释。然后取 20 ~ 30 微升稀释后的精液，放在预温后载玻片中间，盖上盖玻片。显微镜下镜检，用 100 倍和 400 倍观察，判断视野中前进运动精子所占的百分率，估测精子活力（图 4-1）。观察一个视野中大体 10 个左右的精子，计数有几个前进运动精子，如有 7 个前进运动的精子，则活力为 0.7。至少观察 3 个视野，3 个视野估测活力的平均值为该份精液的活力。如 3 次估测的活力分别为 0.5、0.6、0.5，平均为 0.53，活力则评定为 0.5。

B. 精子密度。也称精子浓度，指单位体积精液中所含的精子数。羊精液中精子的密度为 20 亿 ~ 30 亿个 / 毫升，精子密度不能低于 6 亿个 / 毫升，否则不能用于人工授精和制作冷冻精液。目前测定精子密度常采用的方法有估测法和血细胞计数法。

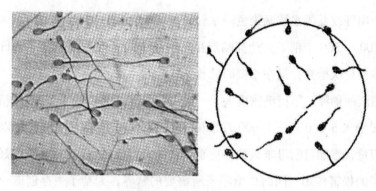

图 4-1　估测精子活力

估测法是在显微镜下根据精子分布的稀稠程度，将精子密度粗略地分为"密""中""稀"。"密"表示精子数量多，精子间隔距离不到一个精子；"中"表示精子数量较多，精子与精子的间隔为 1～2 个精子；"稀"表示精子数量较少，精子与精子的间距为 2 个以上精子。这种方法虽然误差较大，但在生产中较常使用。

将精液注入计数室前必须对精液进行稀释，以便于计数。稀释的比例根据精液的密度范围确定。稀释方法：用 5～25 微升移液器和 100～1 000 微升移液器，在小试管中进行组合不同的稀释。稀释液：3% 氯化钠溶液，用以杀死精子，便于计数。先在试管中加入 3% 氯化钠溶液 1 000 微升，取原精液 5 微升直接加到 3% 氯化钠溶液中（稀释 200 倍），充分混匀。

计数板盖上盖玻片，在 400 倍显微镜下，找出计数板上的方格，将方格调整到最清晰位置。取 25 微升稀释后的精液，将吸嘴放于盖玻片与计数板的接缝处，缓慢注入精液，使精液依靠毛细作用吸入计数室。找到计数室中间的大方格，计数左上角至右下角 5 个中方格的总精子数，也可计数 4 个角和最中间 5 个中方格的总精子数。计数以精子的头部为准，依数上不数下，数左不数右的原则计数格线上的精子。

每毫升原精液精子数 = 5 个中方格总精子数 × 5 × 10 × 1 000 × 稀释倍数

例如：羊精液通过计数，5 个中方格总精子数为 200 个，则每毫升原精液精子数为 200 × 5 × 10 × 1 000 × 201= 20.1（亿个）。

C. 精子畸形率。凡形态和结构不正常的精子都属畸形精子。精子畸形率是指精液中畸形精子数占总精子数的百分比。正常情况下要求羊新鲜精液畸形率 ≤ 15% 才可以使用，羊冷冻精液解冻后畸形率 ≤ 20% 才能用于人工授精。如果畸形精子超过 20% 则视为精液品质不良，不能用于输精。

畸形率的检查：取少许精液滴于载玻片上→用另一载玻片或盖玻片将精液抹开→

自然风干→用红或蓝墨水数滴染色→水轻轻冲洗→干燥、镜检（400倍）。

检查200~500个精子，计算畸形精子占整个精子数的百分比。在日常精液检查中，不需要每次检查，只在必要时才检查。

（3）精液的稀释　羊精液密度大，一般1毫升原精液中约有25亿个精子，但每次配种只要输入5 000万~8 000万个精子就可使母羊受胎，精液稀释以后不仅可以扩大精液量，增加可配母羊只数，更重要的是稀释液还可以中和副性腺的分泌物，缓解对精子的损害作用，同时供给精子所需要的营养，为精子生存创造一个良好的环境，延长精子存活的时间，便于精液的保存和运输。

①稀释液。主要由稀释剂、营养剂、保护剂等成分组成，根据鲜精稀释液的性质和用途，可分为现用稀释液、常温保存稀释液、低温保存稀释液3类。

A. 现用稀释液。以扩大精液容量，增加配种头数为目的，用于采精后稀释并立即输精用。现用稀释液以简单的等渗溶液为主，一般可用0.9%氯化钠溶液、5%葡萄糖溶液和维生素B_{12}注射液。目前生产中使用维生素B_{12}注射液的较多。

B. 常温保存稀释液。适用于精液常温（15~25℃）短期保存用，一般有鲜奶稀释液、葡萄糖－柠檬酸钠稀释液。

鲜奶稀释液：将新鲜牛奶或羊奶用数层纱布过滤，然后水加热至92~95℃，维持10~15分，冷却至室温，除去上层奶皮，每毫升加青霉素1 000单位、链霉素1 000微克，用于羊精液的稀释。

葡萄糖－柠檬酸钠稀释液：100毫升蒸馏水加5克乳糖、3克无水葡萄糖、1.5克柠檬酸钠，或加入5.5克葡萄糖、0.9克果糖、0.6克柠檬酸钠、0.17克乙二胺四乙酸二钠，溶解过滤消毒冷却后每毫升加青霉素1 000单位、链霉素1 000微克。

C. 低温保存稀释液。葡萄糖0.8克，二水柠檬酸钠2.8克，加蒸馏水100毫升配成基础液，取80%基础液、20%卵黄，每毫升加青霉素1 000单位、链霉素1 000微克。

②稀释方法。

A. 原精液在采精经检查合格后，应立即进行稀释，越快越好，从采精后到稀释的时间不超过30分。

B. 稀释时，稀释液的温度和精液的温度必须调整一致。现用稀释时，应事先将稀释液加温至与精液一致的温度，并在使用过程中注意保温，以30~35℃为宜。

C. 稀释时，将稀释液沿精液瓶壁缓慢加入，防止剧烈震荡。

D. 若做20倍以上高倍稀释时，应分两步进行，首先加入稀释液总量的1/3~1/2

做低倍稀释，然后稍等片刻后再将剩余的稀释液全部加入。

E. 稀释完毕后，必须进行精子活力检查，精液活力不低于 0.6，即可进行分装与保存。

③稀释倍数与保存时间。精液的稀释倍数是由原精液的质量（尤其是活力和密度）、每次输精所需的精子数以及稀释液种类决定的。

使用 0.9% 氯化钠溶液作为稀释液，稀释倍数一般为 1∶2，随配随用，保存时间不超过 1 小时。目前生产中多采用维生素 B_{12} 注射液，其来源广，价格便宜，无须配制，可做 1∶（3～10）倍稀释。原精活力在 0.9 以上，密度很好时，稀释倍数可以达到 1∶10，原精活力在 0.8 左右和密度一般时，为了保证输入子宫内的有效精子数，稀释倍数以 1∶5 为宜。使用维生素 B_{12} 注射液作为稀释液，保存时间不应超过 5 小时。如需保存较长时间并进行运输时，则需要配制较复杂的常温保存稀释液或低温保存稀释液。

（4）新鲜精液的运输　用制作冻精的塑料细管盛装和运输新鲜精液非常方便，值得大力推广。冻精细管有 0.25 毫升和 0.5 毫升两种规格，以精液密度测算，每支装一头份输精量为宜。精液装管后，镊子在酒精灯上烧热，将无棉塞端夹一下，使端口熔化密封。

运输距离在 1～2 小时的路程时，可用干净的毛巾或软纸包起来，装在运输人贴身内衣口袋内带走。如果运输距离在 4 小时以上的路程时，就要将装有精液的细管放入盛有凉水和冰块的保温瓶中（0～5℃）运输。为避免精子发生冷休克，必须采取缓慢降温方法，从 30℃降至 5℃时，每分下降 0.2℃左右为宜，整个降温过程需 1～2 小时。方法是将分装好的精液细管用纱布或毛巾厚厚包好，再裹以塑料袋防水，置于普通冰箱冷藏室内 1～2 小时或直接放入盛有凉水和冰块的保温瓶中。到达目的地后，从保温瓶中取出细管，直接投入 30℃温水中，使温度回升后输精。

新鲜精液运输时应注意以下事宜：盛装精液的器具应安放稳妥，做到避光、防湿、防震、防撞；运输途中必须保持精液保存的温度恒定，切忌温度升降变化；运输精液应附有精液运输单，其内容包括发放的站名、公羊品种、羊号、采精日期、精液剂量、稀释液种类、稀释倍数、精子活力和密度等内容。

（5）输精　输精是人工授精的最后一个技术环节。适时而准确地把一定量的优质精液输到发情母羊生殖道的一定部位是保证受胎率的关键。

①输精时间。羊采用两次输精。每天用试情公羊检查母羊群两次，上午、下午

各一次，公羊用试情布兜住腹部，避免发生自然交配。如果母羊接受公羊爬跨，证明已经发情。经产羊应于发现发情后 6 ~ 12 小时第一次输精，间隔 12 ~ 16 小时后第二次输精。初配羊应于发现发情后 12 小时第一次输精，间隔 12 小时后第二次输精。

②精液的准备。采集的鲜精经稀释、精液品质检查符合要求后即可直接输精；低温保存时，输精前将精液升温到 30 ~ 35℃再进行输精；颗粒冷冻精液和细管冷冻精液需要解冻后进行输精。

③输精操作。羊的输精主要采用开膣器输精法。输精前开膣器和输精器可采用火焰消毒，将乙醇棉球点燃，利用火焰对开膣器和输精器进行消毒。并在开膣器前端涂上灭菌润滑剂（红霉素软膏或灭菌凡士林等均可），将精液吸入输精器。主要操作步骤如下：

A. 母羊的保定，母羊可采用保定架保定、单人保定或双人保定。对体格较大的母羊可采用保定架保定或双人保定。体格中、小的母羊可采用单人保定。

B. 用卫生纸或捏干的乙醇棉球将外阴部粪便等污物擦干净。

C. 用开膣器先朝斜上方、侧进入阴道。

D. 开膣器前端快抵达子宫颈口时，将开膣器转平，然后打开开膣器。

E. 看到子宫颈口时，用输精器头旋转进入子宫颈。

F. 等输精器无法再进入子宫时，可将精液注入。

注意事项：羊在输精时，最佳位置是通过子宫颈，直接输到子宫体内。但由于母羊子宫颈结构特殊，不好通过，一般可将精液输入到子宫颈 2 ~ 3 厘米深处。输精完成后，将母羊倒提保定 2 分，防止精液倒流。输精完成后，输精器和开膣器用温碱水或洗涤剂冲洗，再用温水冲洗，以防精液凝固在管内，然后擦干保存，下次使用前消毒。

3）提高人工授精效果的综合措施 人工授精母羊受胎率是衡量肉羊人工授精技术水平的关键指标。由于受公羊精液质量、母羊体质及发情情况和输精技术等许多环节的影响，人工授精母羊受胎率为 60% ~ 90%。因此，要想使人工授精母羊受胎率得到大幅度提高，不但要从公羊方面着手，保证输精用精液的品质，还应从母羊方面着手，调整人工授精母羊的膘情及提高发情鉴定的准确性。此外，还应努力提高输精技术水平。

（1）加强公羊饲养管理，提高精液品质 在奶山羊人工授精操作技术过程中，用于输精的精液品质的高低直接影响母羊的受胎效果。因此，要想提高母羊的受胎率，必须提高公羊的精液品质。对于具有正常繁殖功能的公羊，饲养管理不当可导致饲养管理性不育：轻者使公羊生育力低下，降低公羊精液品质；重者可导致公羊完全失去生育能力。公羊饲养管理性不育包括营养性不育和管理性不育。良好的营养是保持公羊具有旺盛的性欲、优良的精液品质，充分发挥其正常繁殖力的前提。种公羊应保持中上等营养状况，其日粮要求具有全价的蛋白质和充足的维生素。公羊营养性不育可由营养不足、营养过度、营养不平衡所引起。因此，必须加强公羊的饲养。

（2）加强母羊的饲养管理，提高发情鉴定的准确性　对于具有正常繁殖功能的母羊，饲养管理不当可导致母羊饲养管理性不育，对于配种母羊则表现为受胎率下降。母羊饲养管理性不育包括营养性不育和管理性不育。营养性不育一般是由于饲养不当，母羊营养缺乏、营养过剩或营养不平衡而使生殖功能衰退或受到破坏，从而使生育力降低。有人认为，饲喂高蛋白质饲料会使瘤胃中氨的含量增高，不仅会对胚胎产生毒性作用，还可能对生育力产生其他不利影响。维生素缺乏容易导致输精母羊不易受胎或发生流产。母羊管理性不育常见情况是由于泌乳过多引起母羊生殖功能减退或暂时停止。

另外，要提高发情鉴定的准确性。母羊排卵后卵子通过输卵管及受精都有各自的时限。超过与这些时限相应的最适输精时间，就会降低受胎率。对母羊发情征兆认识不足和工作中疏忽大意，不能及时发现发情母羊，均可导致配种时机不适宜，致使人工授精配种受胎率降低。

（3）提高输精技术水平　可通过培训输精技术人员、严格按照操作规程进行输精操作、改进输精方法进行深部输精（如利用腹腔镜进行深部输精）来提高人工授精母羊的受胎率。

（4）合理使用生殖激素　促黄体素（LH）、人绒毛膜促性腺激素（HCG）和促排卵3号（LRH-A_3）均具有促进母羊排卵的作用，配种的同时给母羊注射这一类激素，可促进排卵，有利于调整精子和卵子在受精部位的结合时间，同时还可促进黄体形成和分泌，对提高配种受胎率有良好的效果。奶山羊应用剂量为LH 50单位、HCG 500单位、LRH-A_3 40～60微克。

（5）注重数据记录整理　应注重人工授精过程中各项数据的记录整理，从中可及时发现问题，以便后期工作的改进提高。人工授精各项记录表格包括种公羊采精及冻精生产记录表、母羊人工授精记录表和母羊配种繁殖记录表（表4-3至表

4-5）等。

表4-3　种公羊采精及冻精生产记录表

品种：√公羊号：　　　　　出生日期：

采精日期 （年月日）	精液 编号	采精量 （毫升）	颜色	活力	密度	稀释 倍数	稀释后 活力	冻精 生产数	冻后 活力	备注

表4-4　母羊人工授精记录表

畜主	村（场）	羊号	羊发情情况		配种情况				备注
			发情时间	黏液状况	输精日期	公羊号	输精剂量	精液活力	

表4-5　母羊配种繁殖记录表

编号	配种前体重	第一情期		第二情期		第三情期		预产期	实际分娩日期	产羔						父号
		种公羊号	日期	种公羊号	日期	种公羊号	日期			羔羊号	性别	羔羊号	性别	羔羊号	性别	

3. 羊妊娠诊断技术　妊娠诊断就是借助母羊妊娠后所表现的各种变化来判断其是否妊娠以及妊娠的进展情况，母羊配种后应尽早进行妊娠诊断。对确定已妊娠

的母羊，应注意加强饲养管理，保证胎儿正常发育，防止流产并预测分娩日期。对未妊娠的母羊及时进行检查，找出未孕原因，采取相应治疗或管理措施，以把握下一次发情时的配种时机，提高母羊繁殖效率。适合生产中应用的有以下4种妊娠诊断方法。

1）外部观察法 外部观察法是在问诊的基础上，对被检母羊进行观察，注意其体态及胎动等变化，判断是否妊娠。问诊的内容包括母羊的发情情况，配种次数，最后一次配种日期，配种后是否再发情，一定时期后食欲是否增加，营养是否改善，乳房是否逐渐增大等。如果配种后没再出现发情，食欲有所增加，被毛变得光泽，乳房逐渐增大，则一般认为是受孕了。配种3个月后，则要注意观察羊的腹部是否增大，右侧腹部是否突出下垂，腹壁是否常出现震动（胎动），从而判定是否妊娠。

需要指出的是，有些羊妊娠后又出现发情现象，称为假发情。出现这种情况时，应结合其他方法，综合分析后才能做出诊断。

2）阴道检查法 用开膣器将阴道撑开，阴道黏膜由白色迅速（几秒）变为粉红色者为妊娠现象，未孕时阴道黏膜由白变红的速度较慢，但这并不是受孕诊断的很可靠的依据。插入开膣器时有干涩感，阴道壁上静脉明显，黏液量少而稠，能拉成丝状者，为已孕象征。若阴道内黏液稀薄，量多，色灰白甚至呈脓性，则代表未孕。

3）腹壁触诊法 检查者双腿夹住羊的颈部，面向羊后躯，双手紧兜羊下腹壁，并用左手在右侧下腹壁前后滑动，感觉腹内有无硬物，有硬物即为胎儿。妊娠3个月以上时，可触及胎儿。

4）超声波探测法 使用B超仪进行早期妊娠诊断，是一种无痛苦、无损伤比较安全的活体诊断方法，对软组织的分辨率高，能实时显示探查部位的二维图像、动态变化及其与周围组织的关系，是目前公认的畜牧兽医生产中最迅速、最安全、最有效的羊妊娠监测手段，经验丰富的技术人员在配种后25天即可查出是否妊娠，40天准确率达到99%。

B超仪有直肠探头和腹壁探头两种。用腹壁探头的检查方法是：羊的探测部位在乳房两侧或乳前的少毛区，母羊站立保定，将被毛向两侧分开，在皮肤和探头上涂以耦合剂，将探头朝着对侧后方（即骨盆入口处），紧贴皮肤进行探测，并缓慢活动探头，调整探射波的方向，使探查的范围呈扇形。孕羊可观察到胎体、羊水、胎盘子叶以及胎心搏动。如观察不到，表明未孕。

超声波 D 型多普勒诊断仪比 B 超仪更准确，但价格昂贵。它利用其多普勒效应原理，探测母羊妊娠后子宫血流的变化、脐带的血流、胎儿的心跳和胎儿的活动，并以声响信号显示出来，从而进行妊娠诊断。在妊娠母羊可探听到慢音（子宫动脉血流音）、快音（胎儿心音和脐带血流音）和胎动音（不规则的"犬叫音"）3 类音响信号。出现上述任何一种音响信号即可诊断为受孕。

（三）主要优质奶山羊品种介绍

品种是奶山羊生产的基本保证和重要基础，一般而言，品种对于生产的贡献率在 60% 以上。因此，重视良种选育及改良是发展奶山羊生产的关键。现将我国饲养奶山羊的主要品种简介如下：

1. 萨能奶山羊

1）品种选育　萨能奶山羊原产于瑞士柏龙县莎能山谷，后被引进到许多国家，形成众多品系。萨能奶山羊是世界奶山羊的代表品种，输入到各国后，除进行纯种繁育外，主要被用作杂交改良的父本，改良效果十分显著。我国现有的奶山羊品种，半数以上不同程度地含有萨能奶山羊的基因。

2）外貌特征　萨能奶山羊全身白毛，皮肤粉红色，体格高大，躯体匀称，结实紧凑。具有头长、颈长、体长、腿长的特点，多数无角，有的有肉垂。母羊胸部丰满，背腰平直，腹大而不下垂；后躯发达，乳房基部宽广，形状方圆，质地柔软。公羊颈部粗壮，前胸开阔，体质结实，外形雄伟，尻部发育好，四肢端正，部分羊肩、背及股部生有长毛。

3）体尺、体重　萨能奶山羊公羊体高 85 厘米左右，体长 95 ~ 114 厘米；母羊体高 76 厘米，体长 82 厘米左右。成年公羊体重 75 ~ 100 千克，母羊50 ~ 65 千克。

4）生产性能　该种山羊早熟繁殖力强，繁殖率为 190%，多产双羔和三羔，泌乳期 8 ~ 10 个月，产奶量 600 ~ 1 200 千克，乳脂率 3.8% ~ 4.0%。产奶性能随饲料、气候和营养管理优劣的不同而异。

2. 关中奶山羊

1）品种选育　关中奶山羊是由西北农林科技大学（原西北农学院）利用关中当

地山羊与萨能奶山羊通过级进杂交选育的优良品种。经过 20 多年的精心培育，于 1990 年 9 月通过国家鉴定验收，为优良地方品种，主要分布于陕西关中平原，富平县为重点育种基地，是关中奶山羊中心产区，年存栏奶山羊 230 多万只。

2）外貌特征　该品种的外貌特征与萨能奶山羊基本相似。全身白色，头长额宽，鼻直嘴齐，眼大耳长。母羊颈长，胸宽背平，腰长尻宽，乳房庞大，形状方圆；公羊颈部粗壮，前胸开阔，腰部紧凑，外形雄伟，四肢端正，蹄质坚硬，全身毛短色白。皮肤粉红，耳、唇、鼻及乳房皮肤上偶有大小不等的黑斑，部分羊有角和肉垂。

3）体尺、体重　成年公羊体高 80 厘米以上，体重 65 千克以上；母羊体高不低于 70 厘米，体重不少于 45 千克。具有头长、颈长、体长、腿长的特征，群众俗称"四长羊"。

4）生产性能　母羊在 4~5 月龄性成熟，一般 5 ~ 6 月龄配种，发情旺季为 9 ~ 11 月，以 10 月最甚，性周期 21 天。母羊受孕期 150 天，平均产羔率 178%。初生公羔重 2.8 千克以上；母羔 2.5 千克以上。种羊利用年限 5 ~ 7 年。

关中奶山羊以产奶为主，产奶性能稳定，产奶量高，奶质优良，营养价值较高。一般泌乳期为 7 ~ 9 个月，年产奶 450 ~ 600 千克。鲜奶中含乳脂 3.6%、蛋白质 3.5%、乳糖 4.3%、总干物质 11.6%。

3. 吐根堡奶山羊

1）品种选育　吐根堡奶山羊原产于瑞士东北部圣仑州的吐根堡盆地，因具有适应性强、产奶量高等特点，而被大量引入欧、美、亚、非洲及大洋洲许多国家，进行纯种繁育和改良地方品种，对世界各地奶山羊业的发展起了重要的作用，与萨能奶山羊同享盛名。1982 年四川省曾从英国引入 44 只，现饲养在四川省雅安市。黑龙江省 1982 年和 1984 年先后引入 21 只，饲养在绥棱县吐根堡奶山羊繁殖场。吐根堡奶山羊比萨能奶山羊更能适应舍饲，更适合南方炎热条件下饲养。

2）外貌特征　吐根堡奶山羊体型略小于萨能奶山羊，也具有乳用羊特有的楔形体型。被毛褐色或深褐色，随年龄增长而变浅。颜面两侧各有一条灰白色的条纹，鼻端、耳缘、腹部、臀部、尾下及四肢下端均为灰白色。公羊、母羊均有须，部分无角，有的有肉垂。骨骼结实，四肢较长，蹄壁蜡黄色。公羊体长，颈细瘦，头粗大；母羊皮薄，骨细，颈长，乳房大而柔软，发育良好。

3）体尺、体重　成年公羊体高 80 ~ 85 厘米，体重 60 ~ 80 千克；成年母羊体高 70 ~ 75 厘米，体重 45 ~ 55 千克。

4）生产性能　吐根堡奶山羊平均泌乳期 287 天，在英、美等国一个泌乳期的产奶量为 600 ~ 1 200 千克。瑞士最高个体产奶纪录为 1 511 千克，乳脂率为 3.5% ~ 4.2%。饲养在我国四川省成都市的吐根堡奶山羊，300 天产奶量，一胎为 687.79 千克，二胎为 842.68 千克，三胎为 751.28 千克。

吐根堡奶山羊全年发情，但多集中在秋季。母羊 1.5 岁配种，公羊 2 岁配种，平均妊娠期 151.2 天，产羔率平均为 173.4%。吐根堡奶山羊体质健壮，性情温驯，耐粗饲，耐炎热，对放牧或舍饲都能很好地适应。遗传性能稳定，与地方品种杂交，能将其特有的毛色和较高的泌乳性能遗传给后代。公羊膻味小，母羊奶中的膻味也较轻。

4. 阿尔卑斯奶山羊

1）**品种选育**　该奶山羊是法国的奶山羊品种，占该国奶山羊饲养量的 60% 多，该品种由法国本地品种与瑞士引入品种杂交选育而成，主要分布在法国南部的阿尔卑斯地区。

2）**外貌特征**　该品种奶山羊毛色不一致，以白色为主，头部为棕色或黑色，典型特征是头部中间有一条白色带。除了白色外，还有棕色或黑色及黑白、棕白花斑色。该品种奶山羊体型中等，乳房性状呈椭圆形，非常适宜于加强挤奶。

3）**体尺、体重**　该品种成年公羊体重 80~100 千克，体高 82.5 厘米，体长 85 厘米；成年母羊体重为 55 千克，体高 78 厘米，体长 88 厘米。母羊乳房发育良好，多呈球形。

4）**生产性能**　泌乳期一般 8 ~ 10 个月，产奶量 800 千克左右，盛产期日产奶 5 ~ 6 千克，高者可达 9 千克以上，乳脂率为 4% ~ 7%，最高个体年产奶量纪录为 1 113 千克。该羊繁殖力强，一年可产两胎，每胎 2 ~ 3 羔。

5. 努比亚奶山羊

1）**品种选育**　努比亚奶山羊也称为努宾奶山羊，原产于非洲东北部的埃及、苏丹及邻近的埃塞俄比亚、利比亚、阿尔及利亚等国，在英国、美国、印度、东欧及南非等都有分布，具有性情温驯、繁殖力强等特点。我国 1939 年曾引入，饲养在四川省成都等地。20 世纪 80 年代中后期，广西壮族自治区、四川省简阳市、湖北省房县又从英国和澳大利亚等国引入饲养。进入 21 世纪，云南省昆明市大量从澳大利亚引进该品种进行纯种繁育和杂交改良。

2）**外貌特征**　该羊头短小，鼻梁隆起，耳大下垂，颈长，躯干较短，尻短而斜，四肢细长。公、母羊无须无角。毛色较杂，有暗红色、棕色、乳白色、灰白色、黑色及各种斑块杂色，以暗红色居多，被毛细短、有光泽。

3）体尺、体重 努比亚奶山羊成年公羊平均体重 80 千克，体高 82.5 厘米，体长 85 厘米；成年母羊上述指标相应为 55 千克、75 厘米和 78.5 厘米。母羊乳房发育良好，多呈球形。

4）生产性能 泌乳期一般 5～6 个月，产奶量一般为 300～800 千克，盛产期日产奶 2～3 千克，高者可达 4 千克以上，乳脂率为 4%～7%，奶的风味好。我国四川省饲养的努比亚奶山羊，平均一胎 261 天产奶 375.7 千克，二胎 257 天产奶 445.3 千克。努比亚奶山羊繁殖力强，一年可产两胎，每胎 2～3 羔。四川省简阳市饲养的努比亚奶山羊，怀孕期 149 天，各胎平均产羔率 190%，其中一胎为 173%，二胎为 204%. 三胎为 217%。

五、奶山羊饲料与饲养管理标准化

（一）常用饲料

1. 青粗饲料　奶山羊采食的青粗饲料来源广泛，主要包括青绿饲料、青干草、青贮饲料、农作物秸秆等。

1）青绿饲料　青绿饲料主要指植物的新鲜茎叶，包括各种天然牧草、人工栽培牧草及青刈作物（如青刈玉米、青刈燕麦、青刈大麦等）。这类饲料的特点是含有丰富的粗蛋白质、维生素和矿物质，钙质丰富，维生素 A、维生素 D 含量高，适口性好，是奶山羊最好的饲料。尤其是豆科牧草，含丰富的钙和钾。缺点是含水多，羊吃后虽有饱感，但仅喂青绿饲料不能满足能量的需要，必须补充一定数量的能量饲料。且青绿饲料不宜长期保存，适于现割现喂和放牧饲养。奶山羊常用的青绿饲料主要有甜高粱、紫花苜蓿、黑麦草等。

青绿饲料的喂量要适宜，大量饲喂会引起腹泻等消化疾病的发生，特别是豆科牧草蛋粗白质含量较高，大量采食后在瘤胃发酵产生大量气体易引起瘤胃臌胀，严重者会造成死亡。因此，在饲喂青绿豆科牧草时一定要控制喂量。

（1）甜高粱　饲用甜高粱是一年生、可多次刈割的优良杂交饲料品种。苗龄 60 天（一般 7 月上旬）株高可达 1.5 ～ 2.0 米，割后能迅速再生，每隔 30 天收割 1 次，120 天内可采收 4 次。每亩生物产量达到 5 ～ 10 吨，是同等条件下的青贮玉米、苏丹草产量的 2 ～ 3 倍。

（2）紫花苜蓿　紫花苜蓿有"牧草之王"的称号，茎叶中含有丰富的蛋白质、矿物质、多种维生素及胡萝卜素，特别是叶片中含量更高。紫花苜蓿再生性很强，刈割后能很快恢复生机，一般一年可刈割 2 ～ 4 次，多者可刈割 5 ～ 6 次。紫花苜蓿的产草量因生长年限和自然条件不同而变化范围很大，播后 2～5 年的每亩鲜草产量一般在 2 000～4 000 千克，干草产量 500～800 千克。

（3）黑麦草　适口性好，营养价值高。据测定在青刈期含蛋白质28.32%，脂肪6.83%，赖氨酸1.62%，蛋白质的含量是玉米的3.29倍，小麦的23倍。黑麦草分蘖多，生长快，出苗后35天植株高24～30厘米开始割青，年刈割4～6次。抗寒性强，鲜草产量高，品质好，适口性好，植株高大，产草量高，是牛、羊、兔、草鱼等草食性动物冬、春理想青饲和青贮饲料。

2）青干草　青干草是指经收割、干燥后，含有85%～90%干物质的禾本科或豆科牧草。调制干草的原料广，数量多，方法简单，成本低，便于长期大量贮藏。同时，青干草所含的营养物质比较完善，是一种对奶山羊具有促高产和强保健的好饲料。

青干草的制作方法分为自然干燥和人工干燥，干燥时间越短，营养的损失就越少。调制干草最适宜的时期是孕蕾、抽穗和开花初期。青干草应铡碎后与精饲料混合饲喂，避免造成浪费。也可粉碎后与精饲料混合饲喂或加工成颗粒饲料饲喂。

（1）优质干草——紫花苜蓿　紫花苜蓿是各种牲畜最喜食的牧草，适口性非常好，营养价值也极高。据测定紫花苜蓿干物质中含粗蛋白质15%～25%，比玉米高1～1.5倍；赖氨酸含量1.05%～1.38%，比玉米高4～5倍。1千克优质的干紫花苜蓿草粉，可代替0.8千克精饲料，可消化总养分的含量为大麦的55%，并含有多种维生素和微量元素。更为重要的是，紫花苜蓿干草中的中性洗涤纤维高达35%～40%，能有效避免草食动物瘤胃酸中毒，增加泌乳量。并含有未知的促生长因子，对动物的繁殖和育肥有十分显著的效果。

（2）优质干草——花生秧　花生秧中营养物质丰富，据分析测定，匍匐生长的花生秧茎叶中含有12.9%粗蛋白质、2%粗脂肪、46.8%碳水化合物，其中花生叶的粗蛋白质含量高达20%。畜禽采食1千克花生秧产生的能量相当于0.6千克大麦所产生的能量。一般每亩地产300千克花生就可得到300千克的花生秧。花生秧不仅营养丰富，而且价格低廉、质地松软，适于饲喂羊。

3）青贮饲料　青贮饲料是指将新鲜的青刈饲料、青刈饲草、青刈野草等，切碎装入青贮塔、青贮窖或塑料袋内，隔绝空气，经过乳酸菌的厌氧发酵，制成的一种营养丰富的多汁饲料。它基本上保持了青绿饲料原有的特点，有青草"罐头"之称。因而，在奶山羊生产上应大力提倡和推广。

目前常用来作为青贮原料的多为专用青贮玉米和玉米秸秆。专用青贮玉米，每亩留苗6 000～8 000株，适宜带棒青贮。收获玉米籽实的玉米秸秆作青贮时，如果秸秆水分含量不足应加水，使含水率达70%才能保证质量。也可选用良种玉米进行带棒玉米青贮，最佳收获期为玉米籽实乳熟末期至蜡熟前期。青贮饲料的制作实质上是乳酸菌厌氧发酵的过程。因此，装窖过程必须尽量短，逐层踩紧压实，排除空气，封严四周，防止透气。如果出现漏气或封闭不严，使有害菌和霉菌大量繁殖，会导致青贮饲料变质腐败和青贮质量不高等。

为了制成品质优良的青贮饲料，大面积青贮玉米地都采用机械收获，随收割随切短随运输。小面积青贮饲料地可用人工收割，把整棵的玉米秸秆运回青贮窖附近后，切短装填入窖。在收获时一定要保持青贮玉米秸秆有一定的含水率，正常情况下要求青贮玉米的含水率为65%～75%，如果青贮玉米秸秆在收获时含水率过高，应在切短之前进行适当的晾晒，晾晒1～2天再切短，装填入窖。要做好青贮饲料，在青贮过程必须缩短由原料割倒到装窖封顶的时间，做到"六随三要"，即随割、随运、随铡、随装、随踩、随封，速度要快、装得要实、封得要严，连续进行，尽快完成。

除了青贮窖和青贮塔等贮存形式外，近年来出现了裹包青贮，有专门的裹包机械（图5-1），可用于玉米秸秆、苜蓿、构树等青绿饲料的青贮，便于长途运输。

图5-1　裹包机械和裹包青贮

青贮饲料发酵的过程中产生大量的二氧化碳等气体，因此，在青贮装填后1周内，在未充分排气前，不准进入青贮塔或青贮窖内。青贮饲料开启使用以后，就应天天使用，取用时应分段开窖，分段使用，每段从上往下层利用，可减少浪费。取后应及时盖上草帘或帆布，在天气不好时上面要用塑料布等盖严，防止雨淋。

青贮饲料是饲养奶山羊的好饲料，但不能长期单一饲喂，否则不仅难以保证奶山羊对营养物质的需求量，而且大量饲喂易造成奶山羊腹泻，特别对于妊娠母羊，更不能单喂青贮饲料。一般而言，每只泌乳羊每天可喂给 1.5～3.0 千克，青年羊 1.0～1.5 千克，公羊 1.0～1.5 千克。

4）糠秕饲料　这类饲料包括各种农作物收获后的秸秆和秕壳，秸秆包括茎秆和叶片，如麦秸、玉米秸、谷草、稻草、大豆秸、豌豆蔓等。秕壳是作物脱粒碾场时的副产品，包括种子的外壳、荚壳、部分秕籽、杂草种子等，如麦糠、豆荚、向日葵盘等。

这类饲料粗纤维含量高，体积大，适口性差，靠饲喂这类饲料难以满足奶山羊的营养需要，但该类饲料资源丰富，来源广泛，价格低廉，在广大农村被广泛利用。经过合理的加工处理，可以提高其适口性和营养价值。以向日葵盘为例（图 5-2、图 5-3），由于适口性差，可以晒干粉碎后作为饲料利用。经检测，向日葵盘其实营养丰富，含粗蛋白质 7.92%，粗脂肪 2.79%，粗纤维 16.86%，无氮浸出物 50.25%，粗灰分 22.18%，每 100 千克的营养价值，可相当于 60～65 千克玉米或 70～80 千克大麦等精饲料。

图 5-2　脱籽后的向日葵盘　　　　　图 5-3　田里晒干的向日葵盘

2. 能量饲料　能量饲料是指粗纤维含量在 18% 以下而消化能在 2 500 千卡 / 千克以上的饲料。能量饲料主要分为以下 3 种，即谷物籽实类、加工副产品类和块根块茎类饲料。

1）谷物籽实类　如玉米、大麦和高粱等。其中主要成分是淀粉，占 82%～90%，故其消化率很高，达 90% 以上。但这类饲料也有其缺点，如粗蛋白质含量低，维生素不足等。

（1）玉米　是我国种植面积很广的一种作物，有"饲料之王"之美誉。奶山羊饲料的配比中，玉米要占到 30% ~ 60%。玉米的粗蛋白质和矿物质含量较低，因此，在配合饲料中必须加入粗蛋白质类饲料来补充，通常将玉米粗粉后与其他饲料一起饲喂奶山羊。

（2）大麦　大麦的价值与玉米差不多，但含粗蛋白质较高（12%），品质较玉米好，消化能含量略低。

（3）高粱　高粱与玉米营养价值接近，含粗蛋白质略高，能量略低。因其含有抗营养因子单宁，在日粮中不宜大量使用。

2）加工副产品类　由于奶山羊的杂食性，许多加工副产品都可用来喂羊，最常用的有麸皮、米糠等。

麸皮是加工副产品类最好的能量饲料之一，粗蛋白质含量为 12% ~ 15%，含磷量在副产品中居首位，小麦籽实中 80% 的磷在麸皮中。在奶山羊产羔前后喂给含麸皮的混合精饲料最好，其最大比例可达 20% 以上。麸皮的最大缺点是钙含量低（仅为磷的 1/8），因此，用它做饲料时要特别注意钙的补充。

米糠是加工白米时分离出的种皮、糊粉层与胚 3 种物质的混合物。加工白米越白，则胚乳中物质进入米糠越多，其能量价值越高。但由于米糠含油脂较多，如饲喂过多，易致腹泻。

3）块根块茎类　奶山羊常用的块根块茎类能量饲料，主要包括胡萝卜、甘薯、马铃薯、甜菜等，这类饲料的典型特征是含水率高（70% ~ 90%），但就干物质而言，多是易于消化的淀粉或糖，故它们的消化能较高，蛋白质含量较低，但生物学价值高，含较多的赖氨酸和色氨酸。适口性好，容易消化，有增进食欲，补充营养和维生素 A 的作用。在炎热的夏季，喂些结球甘蓝、南瓜等，能增进食欲，减少奶量的下降。

4）糟渣类

（1）苹果渣　使用方法有两种，一是鲜饲，通常与混合精饲料拌在一起饲喂。鲜苹果渣酸度较大，pH 3.5 ~ 4.8，饲喂前最好用食碱进行碱中和处理，食碱用量为鲜果渣的 0.5% ~ 1.0%，以增强其适口性。二是青贮，最好同禾本科草类、青玉米秸、甘薯蔓等混合青贮，鲜苹果渣可占 30% ~ 50%。青贮时通常添加 3% ~ 5%（以干物质计）石灰，既可中和酸性，又可补钙且降低成本。奶山羊一天的饲喂量以不超过 1 千克为宜。

（2）啤酒糟　啤酒糟是一种较好的催奶饲料，主要由麦芽的皮壳、叶芽、不溶性蛋白质、半纤维素、脂肪、灰分及少量未分解的淀粉和未洗出的可溶性浸出物组成。用啤酒糟饲喂产奶羊的最高饲喂量以每天不超过 2 千克为宜。

（3）豆渣　豆渣是豆腐、豆皮加工的副产物，含有丰富的营养物质，其中粗蛋白质为 29.8%，无氮浸出物为 34.2%，粗脂肪为 8.8%，钙为 0.97%，磷为 0.45%，是饲喂奶山羊的好饲料。但如果保存或饲喂不当，也会产生副作用，造成羊营养不良、腹泻，甚至中毒死亡。豆渣也可用专用 EM 菌进行贮藏发酵，每天饲喂数量不超过 1 千克为宜。

（4）粉渣　粉渣是粉条加工业的副产品，如马铃薯粉渣等，属高能量饲料。此类饲料适口性极好，但难运输和贮存，且钙、磷含量很低，饲喂时应注意矿物质饲料补充。

3. 蛋白质饲料　蛋白质饲料是指粗蛋白质含量不低于 20%，粗纤维含量小于 18% 的一类饲料，包括植物性蛋白质饲料、动物性蛋白质饲料和微生物蛋白质饲料。常用植物性蛋白质饲料有豆科籽实、油饼（粕）类饲料等。

1）豆科籽实　豆科籽实中粗蛋白质含量较高，且品质好，必需氨基酸含量高。但钙、磷含量较少，且比例不理想。豆科籽实中大豆籽实最好，是奶山羊最好的蛋白质饲料，含粗蛋白质 36%，脂肪 16%，能量较高；含抗胰蛋白酶，饲喂前应煮熟，以破坏抗胰蛋白酶的活性。

2）油饼（粕）类饲料　包括大豆饼、菜籽饼、棉籽饼和花生饼等。大豆饼（粕）是所有油饼（粕）类饲料中最好的，其代谢能高，适口性好，粗蛋白质含量高，氨基酸品质好，是奶山羊主要的优质粗蛋白质来源。该类饲料在混合精饲料中的含量可达 15% ~ 20%。棉籽饼（粕）粗蛋白质含量可达 40%，含有毒素棉酚，可危害血管细胞和神经，特别对羔羊危害更大。饲喂时应控制用量，在混合精饲料中的含量应在 7% 以下。将棉籽饼加热到 80 ~ 85℃ 保持 6 小时，能脱去大部分毒性。除上述油饼（粕）外，还有胡麻饼等，营养价值均很高，适口性好，是饲喂奶山羊的很好的粗蛋白质饲料。

4. 绿色饲料添加剂

1）绿色饲料添加剂的概念及功能　所谓绿色饲料添加剂是指向配合（混合）饲料中加入的能够提高动物对饲料的适口性和营养利用率，能够提高动物生产性能和产品品质，能够抑制胃肠道有害菌污染，增强机体抗病力和免疫力，无毒副作用、无残留、无污染添加物质的总称。从广义上讲，绿色饲料添加剂包括三层意思：一是对畜禽无毒害作用；二是在畜禽产品中无残留，对人类健康无危害作用；三是畜禽排泄物对环境无污染作用。

2）绿色饲料添加剂的种类 绿色饲料添加剂主要包括营养性饲料添加剂和非营养性饲料添加剂。营养性饲料添加剂主要包括矿物质元素添加剂、氨基酸添加剂、维生素添加剂等；非营养性饲料添加剂主要包括酶制剂、微生态制剂、抗菌肽制剂、中草药制剂、寡聚糖等。

（1）酶制剂 饲用酶制剂是由微生物的菌种接种在特定的基质中，经固态发酵培养、干燥、粉碎并经配料制得的外源性酶制剂。添加饲用酶制剂能补充动物内源酶的不足，增加动物自身不能合成的酶，从而促进畜禽对养分的消化、吸收，提高饲料利用率，改善动物生产性能。

（2）微生态制剂 微生态制剂是指利用正常微生物或促进微生物生长的物质制成的活的微生物制剂。目前用于微生物饲料添加剂的微生物主要有乳酸杆菌、芽孢杆菌、酵母菌、放线菌、光合细菌5大类。饲用微生物添加剂按其菌种组成可分为单一菌属微生物添加剂和复合菌属微生物添加剂。实际生产应用中，多是几类菌属的复合制剂，如日本的EM微生物复合制剂等。其应用效果主要集中在三个方面：一是降低发病率和病死率，防治疾病，增强动物免疫力；二是促进动物生长，提高体增重、饲料转化率和生产性能；三是参与生物降解，改善畜禽养殖环境。

（3）中草药制剂 天然中草药是我国的传统医学的瑰宝，作为饲料添加剂促进动物生长。因其天然性、多能性、毒副作用小、无抗药性和无残留等独特优势，已成为国内外饲料添加剂研究的热点，是具有中国特色的绿色饲料添加剂。将制剂添加在畜禽日粮或饮水中，预防动物疾病，加速生长，提高生产性能和改善畜禽产品质量，这种制剂被称为中草药饲料添加剂。

由于中草药复方制剂作用机制复杂、处方组成千变万化，用其生产的饲料添加剂目前尚无统一的质量标准和检测方法。现根据中草药性能、畜禽生产和饲料添加剂用途等，将中草药饲料添加剂作如下分类：

①健胃消食剂。主要有陈皮、麦芽、山楂、神曲等。

②促长剂。主要有钩吻、松针粉、鸡冠花、石菖蒲、远志、柏子仁等。

③促乳增奶剂。主要有王不留行、通草、淫羊藿、四叶参、刺蒺藜等。

④驱虫保健剂。主要有槟榔、贯众、使君子、乌梅等。

⑤免疫增强剂。主要有黄芪、刺五加、党参、丹参、茯苓、猪苓、大蒜等。

⑥激素样作用剂。主要有党参、当归、补骨脂、蛇床子、淫羊藿等。

⑦抗微生物剂。主要有金银花、大青叶、板蓝根、蒲公英、苦参、青蒿等。

⑧疾病防治剂。主要有百部、苏子、鸡血藤、益母草、夏枯草等。

⑨饲料保鲜剂。主要有土槿皮、白鲜皮、花椒、红辣椒、儿茶等。

⑩环境改良剂。主要有沸石粉。

（4）寡聚糖 寡聚糖指由2～10个单糖通过糖苷键连接形成的支链或直链的一类糖，又称低聚果糖、蔗果三糖族低聚糖、果寡糖等。目前用作饲料添加剂的寡聚糖主要有寡果糖、寡乳糖、寡甘露糖、寡木糖、大豆寡糖和低聚焦糖等。由于其具有低热、稳定、安全无毒、无残留等良好的理化性质，以及具有调整肠道菌群平衡和提高免疫力等功能，因而，备受许多国家和地区的重视和青睐，被营养和饲料界专家学者称为绿色添加剂。

（二）饲养管理的标准化

1. 奶山羊的饲养标准及饲喂技术

1）饲养标准 饲养标准是根据畜禽消化、代谢的生理特点、生长发育、生产的营养需要，以及饲草料的营养成分和饲养经验，制定出的各种畜禽在不同生理状态和生产水平下，不同营养物质的相对需要量，是科学饲养畜禽的依据。各地可根据实际情况有所增减。

2）饲喂技术

（1）分群饲养 为了保证不同性别、年龄、生理时期的奶山羊对营养的需要，应该实行分群饲养，如分成公羔羊群、母羔羊群、青年羊群、成年羊群、泌乳羊群、干乳羊群、种公羊群、病羊群和健康羊群等。

（2）按时饲喂 饲喂的时间要固定，不能任意提前或错后，一般要求每昼夜饲喂3～4次，每次间歇的时间尽可能均等，这样有利于奶山羊形成良好的条件反射，有利于休息、采食和反刍，从而有助于奶山羊的生长发育和泌乳潜力更好发挥。

（3）定量饲喂 要保持饲喂给奶山羊的饲料在一定生理时期的相对稳定性，不能忽多忽少。就是说，既要满足羊对营养的需要量，又不使其感到饥饿，还不要体积过大，使羊吃得过饱，以致引起消化不良或降低食欲。因此，其饲喂量应以饲养标准为依据。

（4）定质饲喂 饲料必须清洁、新鲜。冻结的多汁饲料、青贮饲料，应解冻后再喂。腐烂、发霉、变质有异味的饲料或践踏过的饲料，不应饲喂。

（5）合理搭配 饲料的营养成分、体积、适口性不同，加之，奶山羊具有喜新尝鲜的习性，因此，饲料要合理搭配并且多样化。在进行饲料搭配时，应考虑奶山羊生理阶段和营养需要，新旧饲料交替时，要逐渐过渡。

（6）精心观察　饲管人员要随时观察羊的采食、反刍、休息、泌乳，粪便的形状、气味和颜色。如果发现异常，应及时分析原因并报告兽医，采取有效措施，迅速解决。

（7）饲喂顺序　目前，在规模养殖场，提倡采用全混日粮饲喂奶山羊的技术，在不具备推广这种技术的地方，可采取分别饲喂技术，按粗饲料、青饲料、多汁饲料和精饲料的顺序喂，喂完后再饮水，最后给饲槽架添上适量干草，任其自由采食。总之，要先喂适口性差，再喂适口性好的，要少给勤添。

（8）饲料形态　精饲料要粉碎，但不能成粉状。饲喂前加适量的水拌湿，这样可避免饲料的浪费，又能有利其采食。多汁饲料、青粗饲料都应切短到 3 ~ 5 厘米再喂，采食方便，减少浪费。除豆类、豆饼外，所有饲料都不能喂熟食。调好后的各类饲料，都应当次喂完，不可放置太久，以免变质。

（9）充分饮水　奶山羊的产品主要是奶，山羊奶含水率在 88% 左右，特别是炎热的高温季节，饮水量更大。因此，充足的饮水是保证奶山羊高产的关键。

（10）全混合日粮（TMR）　全混合日粮饲养技术目前已被发达国家的奶牛和奶羊生产中普遍采用。全混合日粮是根据奶山羊不同饲养阶段的营养需要，把切短的粗饲料和精饲料以及各种添加剂按照适当的比例，在饲料搅拌喂料车内进行充分混合后，即可得到营养均衡的日粮（也称全价日粮），供奶山羊自由采食的饲养技术（图 5-4、图 5-5）。在没有专用饲料搅拌喂料车的条件下，也可用手工搅拌的方法进行操作，基本可满足混合搅拌的效果。这种方法能增加奶山羊采食量，解决母羊在泌乳盛期营养不平衡问题；可简化饲养程序，避免因瘤胃机能障碍而引起的产奶量、乳脂率下降和消化道疾病等问题的发生。采用这种技术可提高饲料利用率 12% 左右，提高产奶量 10% 以上。

图 5-4　全混合日粮喂料车　　　　图 5-5　全混合日粮饲料搅拌机

2.羔羊的饲养管理 初生至断奶时期（即哺乳时期）的小羊为羔羊。羔羊一般2～4月龄断奶。羔羊阶段是羊一生中生长发育最快的时期，此期饲养管理的好坏，对以后的生长发育和一生的生产性能影响极大，所以必须重视羔羊的培育。

羔羊出生后，生理上发生很大变化，即由原来在子宫内依靠母体血液供给营养、维持生长发育的相对稳定的生活环境，一下转到子宫外依靠哺食母乳的大自然这一生活环境中来，若饲养管理不善，会使羔羊死亡或生产价值低的奶山羊。在这一阶段，要使羔羊逐渐适应子宫外生长发育的环境，使之与外界环境得到统一。

加强羔羊的培育是力争全活全壮、加速育种进程、提高羊群质量的一项重要技术措施。羔羊培育的好坏，直接影响到成年羊的体型结构和终生产奶量。羔羊时期的生理机能正处在急剧变化阶段，它的可塑性是比较大的。尽管羔羊本身继承了双亲的遗传特性，但是这些特性不一定在它的生命过程中全部显示出来。科学的培育羔羊技术不仅会使其优良特性得到充分的表现，而且还会得到进一步的巩固和提高，并能使某些缺陷得到不同程度的改善。根据羔羊生长发育阶段和哺乳方式，其培育可分为4个时期：即初乳阶段，常乳阶段，奶、草、料交替阶段，以食草为主阶段。

1）初乳阶段　羔羊出生后到第五天，是哺喂初乳阶段。羔羊降生后，与母体的联系就是初乳。初乳是羔羊出生后不可代替的营养丰富的全价天然食物。母羊产后1～5天的乳叫初乳，初乳色黄、浓稠，在营养成分的含量上比常乳高得多，它对初生羔羊的培育有许多特殊而重要的作用。

（1）初乳的作用

①保护作用。初生羔羊胃肠空虚，其真胃和肠壁上还未形成完整的黏膜，对细菌的抵抗力很弱。初乳浓稠，可附着在胃和肠壁上，代替胃、肠壁上的黏膜作用，能有效地阻止细菌侵入血液，提高羔羊对细菌的抵抗力。

②抗菌作用。初乳中含有溶菌酶和抗体，且酸度较高。溶菌酶能杀死多种病菌，抗体可有效地抑制病原菌的活动，能抵抗特殊品系的大肠杆菌。初乳酸度较高，可使胃液呈酸性，不利于有害病毒的繁殖，从而保证了羔羊免遭病害的威胁。

③消化作用。初乳进入胃肠后，可使胃肠道机能提早活动和发育，可使羔羊胃、肠道分泌大量的消化酶，有助于食物的消化吸收。

④营养作用。初乳营养丰富，且容易消化吸收。据测定，初乳中蛋白质含量高达6.4%，约为常乳的2倍；乳脂率为5.13%，约为常乳的2倍；维生素A是常乳的

10 倍；维生素 D 是常乳 100 倍；矿物质含量亦较常乳多 1 倍。

⑤轻泻作用。初乳含有大量的镁盐，有轻泻作用，能促使机体内胎粪的提早排出。由于初乳有如此重要的作用，所以羔羊出生后必须早吃、吃足初乳，才能降低发病率，提高成活率，保证良好的生长发育。

（2）初乳的哺喂方法 羔羊出生后，应让其尽快地吃到母羊的初乳。初乳期一般为 5 天，不应间断。这样才有利于增强羔羊的抗病力，增进健康和获得较高的增重，并为进一步生长发育打好基础。

①哺乳的时间。羔羊哺食初乳的时间越早越好，当羔羊能站立时，就应让其哺食初乳。一般在羔羊出生后半小时左右，开始哺食初乳，一直到第三天。

②哺乳方法。

A. 随母羊哺乳。在一般情况下，羔羊生后 30 分左右，就能站立起来，自己寻找乳头，吸食初乳。若体质虚弱或不会吃奶者，饲养员应教其吃奶。吃奶前首先应擦洗净母羊的乳房，再挤出几把初乳，检查是否正常，然后把乳头塞到羔羊嘴内，引诱羔羊吸吮乳汁。

若羔羊仍不会吃奶，要实行教奶，可将奶汁挤到饲养员的食指上，然后将食指塞进羔羊嘴内轻轻刺激口腔，训练羔羊吸奶。若不会咽奶者，可使其头部轻微上仰，捏住鼻子 20 ～ 30 秒，迫使羔羊自己咽奶，一般经这样训练一两次后，羔羊都能自己吃奶。

B. 保姆哺乳。在生产中，有时母羊产羔过多，哺喂不过来，或羔羊生后，母羊无奶或母羊死亡。在这种情况下，都要采取保姆哺乳法，让其他母羊代为哺乳。由于奶山羊嗅觉特别发达，母羊分娩后，通过舔食羔羊身上的黏液，嗅闻到羔羊身上的气味，建立母子相认的关系，一旦母羊闻到其他羔羊的气味与自己所生羔羊的气味不同时，一般拒绝该羔羊吃奶，因此，在母羊分娩后，把所生羔羊身上的胎水涂抹到准备代喂的羔羊身上，然后将代喂的羔羊抱到分娩母羊身旁，让它舔食身上黏液，促使相认。

不论是随母羊哺乳或是保姆哺乳，都要防止羔羊吃偏乳房，特别是第一胎羊，应切实防范。开始哺乳时，就让羔羊轮换吃两个乳房，若是单羔，只吃一个乳房时，应在羔羊吃饱后，立即将另一侧乳房的奶挤净，这样就能有效地避免吃偏乳房，实际中发现，经常吃的那个乳房会变小，不常吃的乳房会增大。

（3）哺乳量 喂量是以羔羊能吃多少，就吃多少，提倡早吃、勤吃、多吃，不腹泻为原则，如果发现羔羊被毛蓬松、肚子很扁、经常无精打采、拱腰鸣叫，就是没有吃足初乳的表现，这时，饲养员应及时采取措施，让羔羊吃足初乳。

（4）哺喂次数　羔羊哺喂初乳，采取随母自然哺乳的方式进行，一般不提倡人工哺食初乳。

2）常乳阶段　羔羊产后 6 ~ 40 天哺喂常乳，一般分为自然哺乳和人工哺乳两种。

（1）自然哺乳　又叫随母哺乳，此法的优点是，既节省人工，又有利于羔羊的健康，不易感染消化道疾病。缺点是，奶山羊的产奶量无法统计，几只羊同吃一只母羊的奶，有的吃得多，有的可能吃得少，以致造成羔羊发育不均，有时母羊的某些疾病还会传染给羔羊。

（2）人工哺乳　人工哺乳宜在羊群规模较大的羊场或养羊大户应用，当羔羊产后 3 天，一般就由产栏转到羔羊舍，实行人工哺乳。

①人工哺乳的方法。

A. 碗饮法。碗饮法是用小碗盛上加热到 40 ~ 42℃ 洁净的鲜奶，训练羔羊自饮的方法。优点是哺乳的时间短，碗也便于消毒。缺点是吃得太快会不利于羔羊的消化吸收。人工哺乳首先要进行教奶，教奶时先让羔羊饥饿半天，一般是下午离开母羊，第二天早晨教奶。由于此时羔羊饥饿，食欲旺盛，就会饥不择食。开始教奶时一手抱羊一手拿碗，让羔羊嘴伸入碗中，使其自饮，但要防止羔羊鼻子伸入奶中，将奶吸入鼻内发呛，使羔羊产生恐惧感，不愿吃奶。一般羊，经训练一两次后，就会自饮；个别羊，特别是体弱多病、初乳没有吃好的羊比较难教，如遇此种情况，可将剪过指甲、洗干净的食指伸入奶中，让羊开始在指头上吸吮，然后慢慢把手取开，教数次就可学会。教奶时要耐心，动作轻缓，不能硬拉、硬按，强迫羔羊吃奶，这样容易把羊呛了。羔羊学会吃奶后，就将碗放到固定的架子上，根据羊的大小，定量分批让羊自饮。

B. 哺乳器法。哺乳器用铁皮或塑料制成，现有市售产品，其下部四周等距离安装 4 ~ 8 个吸吮嘴。吃奶前，将鲜奶加热到 40 ~ 42℃，盛于哺乳器内，然后让羔羊自饮。训练数次很快就能学会。注意哺乳器每次使用前要清洗消毒。

C. 奶瓶法。将鲜奶加热到 40 ~ 42℃，装入奶瓶，逗引羔羊吸吮。这种方法简单、卫生，可控制羔羊的哺乳量，特别适用于多病、体弱的羔羊，但此法费工、费时，难于在大群生产中普及推广。

②人工哺乳的要求。为了保证羔羊旺盛的食欲，减少疾病，力争全活全壮，人工哺乳应做到定羊、定时、定量、定温、定质、卫生和保温。

A. 定羊。人工哺乳应按羔羊的年龄、性别、强弱合理分组，这样可以保证羔羊吃奶适宜，发育正常。

B. 定时。人工哺乳应按照哺乳期培育方案遵守规定的时间，按顺序先后哺乳，开始每隔 6 小时左右喂 1 次，每日 4 次，随着月龄的增加，可陆续减少喂奶次数，增加饲草饲料喂量。

C. 定量。人工哺乳应严格掌握饲喂量。过少则营养不足，影响生长发育，过多则消化不良，引起腹泻，开始每只羔羊每次喂 0.25 千克。但应根据个体大小、运动量多少酌情增减，随着月龄、体重的增加，哺乳量也应增加。一般而言，40 日龄前每昼夜哺乳量以体重的 20% 左右为宜，哺乳量在 40 日龄达最高峰。40 日龄后，要训练羔羊多采食精饲料和青干草、青绿饲料，哺乳量也应随之减少。

D. 定温。人工哺乳的奶温，接近或稍高于母羊体温为宜，以 38 ~ 42℃ 为好。奶温过低易引起胃肠疾病，过热会烫伤口腔黏膜。

E. 定质。喂羔羊的奶应新鲜卫生，无污染，加热前要用纱布过滤，做到一次加热一次喂完。

F. 卫生。为了防止疾病发生，羔羊的饮食工具应干净卫生，每次喂完用开水冲洗，用前再冲洗，每隔两天用热碱水消毒 1 次。羔羊吃奶后要用毛巾给羔羊擦干嘴巴，以免互相舔食，病羔羊应及时隔离，用具要与健康羊分开，不要互相混用，以免互相传染。

G. 保温。人工哺乳期间要注意防潮保温，圈舍要干燥、温暖，且空气新鲜。为了不使羊舍受潮，圈舍要厚铺褥草，并勤换、勤晒。羔羊最怕忽冷忽热引起感冒，又冷又湿引起腹泻，又热又湿、空气污染引起呼吸道疾病。

3）奶、草、料交替阶段　出生 40 ~ 60 天，是羔羊由吃奶向吃草过渡的阶段，比较难养。其主要饲喂方法是减奶加料，早喂幼嫩青草和优质干草。进入 40 日龄后，应以喂草为主，适当补充富含蛋白质的混合精饲料及少量乳汁。

（1）教草　为使羔羊生长发育快，骨架大，胃肠发达，羔羊培养期间除吃足初乳和进行哺喂常乳外，还应尽早教会羔羊吃草。早期补饲优质干草和少许幼嫩青草，不仅可以降低饲养费用，而且可使羔羊获得更完全的营养物质，还可以尽早使羔羊的胃肠消化机能得到锻炼，促进其更好地生长发育，提高成活率。

①教草时间。训练羔羊吃草的时间，应愈早愈好，一般在羔羊出生 10 ~ 15 天，便可教羔羊吃少量的幼嫩青草或优质干草。30 天后，就可让羔羊多吃优质干草，让其自由采食。

②教草的方法。教草时应先让羔羊吃一些大羊吃过的青草或优质干草，或让其舔食大羊反刍时的唾液，其目的是将大羊的瘤胃微生物接种于羔羊瘤胃中。羔羊瘤胃有了一定数量的微生物，就初步具备了消化粗纤维的能力。教草时，给羊舍饲槽挂上或放上干草，羔羊观看大羊或会吃草的羔羊采食草、料，便模仿着吃，尝试几次，就可以学会。优质干草一般应切成 3 ~ 5 厘米长，放在补饲槽内，或将干草捆成把，悬挂在羔羊能吃到的地方，以供羔羊随时采食。羔羊随大羊放牧，更易学会吃草。

（2）教料 羔羊生长发育快，到了 30 日龄后，除了吃奶、草外，还应学会吃料，以满足迅速生长发育的需要。

①教料的时间。教料的时间一般应在 20 日龄后，过早羔羊不愿意吃，过晚则不利于羔羊的生长发育。

②教料的方法。为了尽快教会羔羊吃料，一般将炒过粉碎的精饲料放在补饲槽内，让它边闻边吃，不肯吃者，应将料涂到羔羊的嘴内，让其自己去嚼，一旦羔羊尝到了味道，就会去吃。

③喂量。精饲料的喂量应随日龄的增加逐渐增加，40 日龄可补饲 80 克，90 日龄补饲 150 ~ 200 克。优质干草让其自由采食。

（3）减奶量 羔羊哺乳到 40 龄后，应逐渐减少奶的喂量。40 日龄奶的喂量可由原来的 1.25 千克减少到 1.0 ~ 0.75 千克。50 日龄奶的喂量为 0.75 ~ 0.5 千克，70 日龄奶的喂量为 0.5 ~ 0.25 千克。

4）以食草为主阶段 这一阶段一般指生后 50 ~ 70 天，应以食草为主，补给少量的奶或不喂奶。优质干草、青绿饲料及品质好的混合精饲料是其日粮的主要成分。这一阶段是羔羊培育中的重要转折时期，因为早期补饲青、干草，可促使羔羊提早反刍，使瘤胃机能尽早地得到锻炼，促进胃肠充分发育。青、粗饲料还能刺激羔羊的唾液腺、胃腺胰腺增加分泌，提高消化能力。优质干草培育的羔羊胃肠发达，消化机能强，骨架大，体质好，所以提早补饲青草和优质干草是非常重要的。目前饲喂存在有两种问题：一是吃奶少，不满 1 月龄就断奶，用绳拴系、放牧啃草，也不补饲，致使羔羊营养不良；另一种是吃奶时间过长，吃奶过多，生后 2 个月后，还没有学会吃草、吃料，严重影响了羔羊胃肠道的生长发育，结果培育的羔羊，体短肉厚食量少。以上两种情况都是不正常的，应予以纠正。

5）羔羊早期断奶　近年来，国内外在羔羊早期断奶的大量研究表明，羔羊体重达 9 千克、60 日龄或在每天至少消耗 30 克固体饲料时，可成功地断奶。达到以上任何一个标准时，均能减少断奶性休克的发生。限制羔羊哺乳，可促进固体饲料的消耗。每天哺乳 2 次同每天哺乳 3~4 次相比，降低了劳动强度、奶的消耗，可使日增重提高。如果能促使羔羊对固体饲料的摄取，那么，早期断奶就很经济。推迟断奶不仅费用高，且对瘤胃、网胃的正常发育有害。除了鲜奶，也可使用代乳料。好的代乳料不仅可显著降低羔羊的哺乳量，节约饲养成本，而且可促进羔羊胃肠道发育，提高羔羊生长速率。

3. 育成羊的饲养管理　从断奶到配种前的羊叫育成羊。育成羊的自身各系统和各组织都处在继续旺盛生长发育阶段，与骨骼生长发育密切的部位仍在迅速增长，如肌肉、体高、体长、胸宽、胸深生长发育很快。若此时日粮配合不当，营养达不到要求，就会严重影响羊的生长发育。

从断奶到配种前，仍需注意精饲料的喂量，若有品质优良的豆科干草，日粮中精饲料的粗蛋白质含量提高到 15%~16%。混合精饲料中的能量水平以不低于整个日粮能量的 70% 为宜。一般每日喂混合精饲料以 300 ～ 400 克为宜，同时还需要注意矿物质，如钙、磷和食盐的补饲，此外，青年公羊由于生长发育比青年母羊快，所以饲喂的精饲料要多于青年母羊。现介绍两种饲养方案，以供参考。

1）以品质差干草为主的日粮配合　从断奶至断奶后 3 个月内，让羊自由采食品质差的干草和精饲料，精饲料的最大食入量不要超过 500 克，其中每千克精饲料约含 6 000 兆焦耳净能及 160 克可消化粗蛋白质。4 ～ 5 月龄的羔羊除自由采食干草外，也补加 400 克精饲料，每千克精饲料中含 6 700 兆焦耳净能及 140 克可消化粗蛋白质。6 ～ 7 月龄的青年羊，让其自由采食干草，只补加 300 克精饲料，每千克精饲料中含 6 700 兆焦耳的净能及 120 克可消化粗蛋白质。

2）以优质饲草为基础的日粮配合　从断奶至断奶后 3 个月内，自由采食优质干草和精饲料，但精饲料的最大量不超过 400 克，每千克精饲料含 6 000 兆焦耳净能和 160 克可消化粗蛋白质。4 ～ 5 月龄自由采食干草或青草，自由采食 300 克左右的精饲料，每千克精饲料中含 6 000 兆焦耳净能和 130 克可消化粗蛋白质。6 ～ 7 月龄自由采食干草或青绿饲料，自由采食 100 克精饲料，每千克精饲料中含 6 000

兆焦耳净能和100克可消化粗蛋白质。饲喂方法、饲料类型对青年羊的体型和生长发育影响很大。优质的干草、充足的运动是培育青年羊的关键。给青年羊饲喂大量而优质的干草，不仅有利于促进消化器官的充分发育，而且用它所培育的羊体格高大，肌肉适中，乳用型明显，产奶多。充分运动可使其体壮胸宽，心肺发达，食欲旺盛，采食多。青年母羊若具有发达的消化器官和发达的心肺，就奠定了将来高产的基础。

半放牧、半舍饲是培育青年羊最好的方式。对青年羊实行放牧饲养，可以吸收到新鲜空气，接受充足的阳光照射和得到充分的运动。只要有优质饲料，可以少给或不给精饲料。精饲料过多而运动不足，容易肥胖，使身体短而肉厚，早熟早衰，利用年限短，终生产奶量不高。

青年母羊一般可以在满10月龄后，体重达到35千克以上配种。青年母羊发情不如成年母羊明显和规则，所以要加强试情和注意观察，以免漏配。

8月龄前的公羊一般不要用以采精或配种，公羊配种须在12月龄以后，体重达50千克以上才可进行。正在改良的地区，杂种公羊不能作种用，可去势肥育。

4. 产奶羊的饲养管理

1）阶段饲养法 根据泌乳母羊的泌乳规律，可将泌乳期分为4个阶段，即泌乳初期、泌乳盛期、泌乳中期和泌乳末期。这4个阶段各有特点，饲管理的方法也有所区别。

（1）泌乳初期饲养管理 母羊产后20天内叫泌乳初期或称作恢复期，它是由产羔向泌乳高峰过渡的时期。母羊产后体力消耗大，体质较弱，消化力较差，但食欲旺盛。形成食欲旺盛与消化力弱的尖锐矛盾。此时应以恢复体力为主，产奶为辅助。为了培育和恢复消化力，奶羊产后第一天仅饲喂温盐水麸皮，食盐不超过10克（如果乳房水肿可停喂食盐），麸皮饲喂量不超过300克，优质干草让其自由采食，玉米青贮饲料不超过2千克；产后第二天食盐饲喂量不超过20克（如果乳房水肿可停喂食盐），麸皮饲喂量不超过350克，优质干草让其自由采食，玉米青贮饲料不超过2千克；产后第三天食盐饲喂量不超过20克（如果乳房水肿可停喂食盐），麸皮饲喂量不超过400克，优质干草让其自由采食，玉米青贮饲料不超过2千克；产后第四天食盐饲喂量不超过30克（如果乳房水肿可停喂食盐），麸皮和配合饲料各300克，优质干草让其自由采食，玉米青贮饲料不超过2千克；产后第五至第六天，喂给易消化的优质干草和2/3的混合精饲料，精饲料量不超过650克；6天以后逐渐增加青贮饲料或多汁青草喂量；14 天以后精饲料增加到正常的喂量。一般情况下 60 千克体重的母羊日喂精饲料 0.6 ~ 0.7 千克，优质青干草让其自由采食，而青饲料、多汁饲料虽有催奶作用，但要控制饲喂量，每天以不超过 3 千克为宜，否则易引起腹泻而影响奶产量。

（2）泌乳盛期饲养管理　母羊产后 20 ~ 120 天为泌乳高峰期，特别是产后 30 ~ 90 天为产奶高峰期，其泌乳量占整个泌乳期产奶量的 35% 左右。因此，饲养要特别细心，营养要全面。为了促进泌乳，提高产奶量，应按照每产 3 千克奶，饲喂 1 千克精饲料的方法供应精饲料。但在增加精饲料时应缓慢进行，逐步增加，每天增加精饲料量以不超过 20 克为宜。具体增加精饲料时要做到前面看食欲是否旺盛，中间看奶量是否继续上升，后面看粪便是否正常，以此来确定精饲料的增减。为了防止泌乳高峰期营养出现负平衡，除按照正常饲养外，还可采取在泌乳高峰期添加增奶精饲料的方法补充营养。

（3）泌乳中期饲养管理　母羊产后 120 ~ 210 天为泌乳稳定期。此期的产奶量虽不再上升，但下降较慢，在饲养上要尽量避免改变饲料、饲养方法及工作日程，以稳定产奶期。要多给青绿多汁饲料，保证充足饮水和多晒太阳。

（4）泌乳末期的饲养管理　泌乳末期一般指母羊产后 210 ~ 280 天。母羊产后 7 个月以后，泌乳量下降较快，这个阶段的特点是母羊已逐渐进入发情配种季节。由于发情及配种，食欲下降，产奶量降低。此期的后期，大部分羊已受孕，由于胎儿分泌的皮质醇作用加强，抑制了脑垂体前叶催乳素的分泌，所以在这一阶段要提高产乳量是不可能的。这一阶段是母羊由泌乳期过渡到干乳期的转折点，应做好饲养管理工作。

泌乳末期也是受孕前期，胎儿虽增重不大，但要求全价营养，所以精饲料不宜过快减少，否则会影响胎儿的发育。

2）引导饲养法　所谓引导饲养法是指对母羊从产前 15 ~ 20 天除按饲料标准满足其本身所需要的营养物质外，还额外增加 10% ~ 20% 定量的营养，直至泌乳高峰期为止，以促进泌乳潜力的充分发挥。

（1）引导饲养法操作步骤

①在干奶期的最后 15 ~ 20 天开始，每日饲喂母羊 0.5 ~ 0.75 千克混合精饲料，并逐渐增加精饲料量到 1.5 千克以上，直至精饲料喂量增加到占体重的 2% 为止。在产前给母羊增喂精饲料可促进产奶遗传能力的发挥，从而提高产奶量。

②母羊产羔后继续维持或增加精饲料量，直至达泌乳高峰期为止。奶羊通常在产后 30 天进入高峰期，60～70 天达到泌乳最高峰。

③在母羊产羔并泌乳至少 3 周后，按实际产奶量调整精饲料量，产奶多的多给精饲料，产奶少的减少精饲料。

④在整个泌乳期间，应根据每月记录的产奶量和测定乳脂率的结果来调整精饲料量，并保持每月每只增加 0.1～0.2 千克精饲料，直至母羊所增产的羊奶价值不再补偿精饲料价格为止。采取引导饲养法可使奶羊增加产奶量，从而增加利润，但如果所喂饲料的价值与所产羊奶价值相比无利可得，甚至导致奶羊消化不良，这就不可取了。

（2）引导饲养法的优点　引导饲养法与常规的每产 3～4 千克奶给 1 千克混合精饲料的方法相比，有如下优点：可使母羊瘤胃微生物在产前就适应高精饲料的日粮；使母羊在产羔后能继续适应高精饲料的采食量；可对母羊在最需要能量的时刻提供丰富的能量，从而引导母羊在泌乳初期就有高的产奶量；它随着产奶量的下降而减少精饲料量，不是在产奶量下降之前减少精饲料量，因而可大大提高产奶量；可使母羊在泌乳高峰期获得更高的产奶量，并能使高峰期持续较长时期；由于营养供应充足，高产奶羊不需要分解体内脂肪为产奶提供能量，因而可减少酮血症的发病率；有助于保持高产奶羊的良好体况，有利于提高其繁殖性能；因饲料的喂量是以产奶量的多少进行调节的，所以可防止饲养中的浪费。

（3）引导饲养法的缺点　在干奶后期和泌乳高峰期到来之前饲喂高精饲料日粮会导致乳房水肿的发病率增高；饲喂高精饲料日粮会使乳腺炎发病率增多，但是，高精饲料日粮不是引起乳腺炎的真正原因，仅仅是使已患的乳腺炎提早暴发；引导饲养法并非对所有的羊都能起到提高奶量的效果，故在生产中如有这些个体存在，应予淘汰；推广引导饲养法很重要的条件是精饲料的价格必须比粗料价格优惠。因为引导饲养法的基本出发点是以高精饲料饲养来换取利润的，人们饲养奶山羊的最终目的是获得利润，而不仅是高产奶量。

3）**群饲法**　目前，发达国家大部分地区采取群饲法饲养奶山羊，这种方法具有便利和节约劳力的优点。群饲法主要按照奶山羊的生产阶段进行分群，然后根据生产性能配合日粮，分别饲喂。

（1）**群饲法的分组管理方法**

①按照性别分群。即将奶山羊按照公母进行分群管理。

②按照生产阶段分群。即按照哺乳羔羊、育成羊、青年羊、受孕羊、泌乳羊进行分群管理。

③按照生产水平分群。常使用的方法是建立 4 个组群：高产奶山羊组群、低产奶山羊组群、高产奶山羊的女儿初产组群、低产奶山羊的女儿初产组群。使用这种分组方法，只需要一次转群活动，而且在有些情况下不需要转群移动。这种分群方案可对每个组群按照需要分别饲养，即对高产奶山羊群使用高水平的优质饲料；对低产量的奶山羊组群采取以降低饲料成本，提高乳脂率，改善瘤胃机能，并促进泌乳持久力的饲养方式。

由于群饲法在第一胎中期或结束中途往往要按产奶量调整一次羊群，因而会出现个体间的争斗、群内骚乱现象，从而引起产奶量的波动。为了避免这一影响，在调整时应一次进行，调整羊只数量大时影响会减少一些。实行群饲时一般是通栏大群饲喂，这种方法在节约劳力上效果很好。

群饲法适应于推广全混日粮，即将精饲料、粗饲料和补充饲料完全混合饲喂。

（2）群饲法的优点　可按照奶山羊的生理阶段和生产水平需求，配合全价日粮，从而保证奶山羊得到较为全价的营养；可对奶山羊所采食的日粮数量进行控制；节约劳力；可按日粮中规定的纤维和精饲料比例饲喂。

（3）群饲法的缺点　需要混合饲料的设备；不适用于规模小的羊群饲喂；不适用于放牧奶羊群饲喂。

5. 干奶期奶山羊的饲养管理　母羊在受孕后 2 个月，胎儿分泌的肾上腺皮质激素抑制了母羊垂体前叶促乳素的分泌，致使产奶机能逐渐减弱，最后乳腺停止分泌乳汁。这个阶段生产上叫作干奶期。干奶期奶山羊饲养管理的一个重要技术环节，就是采取综合技术措施使母羊适时地干奶。干奶期的长短是否合适和干奶期饲养管理是否合理，不仅影响母羊的体质恢复和胎儿的生长发育，还影响下一期的产奶量。而干奶方法不正确是引起乳腺炎或其他疾患的重要原因。因此，在生产实践中，必须对干奶羊的饲养管理给予高度重视。

1）干奶方法

（1）逐渐干奶法　0～15 天将乳干完。在预定干奶期前的 10～15 天开始变更饲料，逐渐减少青草、青贮料、块根茎类等多汁饲料，限制精饲料，加强运动和停止按摩乳房，减少挤奶次数和打乱挤奶时间，这样就可以使母羊逐渐干奶。对高产羊则完全停喂精饲料，只喂优质干草，当产乳量下降到 2 千克以下时，可停止挤奶。

（2）快速干奶法　行干奶之日起，在 7 天内将乳干完。这种方法多适应于中产水平以下的产奶羊。从干奶的第一天开始，适当减少精饲料，停喂青绿、多汁饲料；控制饮水，加强运动；减少挤奶次数和打乱挤奶时间，当产奶量下降到 1 千克时，则完全停止挤奶。由于母羊在生活规律上突然发生很大变化，产奶量会急剧下降，一般经 4 ～ 7 天，日产奶量就下降到 1 千克。最后挤奶时要完全挤净，用消毒液将乳头消毒后注入青霉素软膏，并用火棉胶封闭乳头孔。在生产实践中，由于逐渐干奶法拖的时间过久，在长期贫乏的饲养条件下，影响母羊健康和胎儿发育，因此，快速干奶法应用较广。

无论采取哪种干奶方法，在停止挤奶后 5 ～ 10 天，要随时注意乳房情况。一般而言，由于此时母羊乳房蓄积较多的乳汁而出现肿胀，这是正常现象，不要抚摸乳房和挤奶，经过几天后就会自行吸收而使乳房萎缩。如果乳房发红、发热、变硬，母羊疼痛不安，应把奶挤出，重新采取干奶措施。如发现有乳腺炎症状，应继续挤奶待炎症消失后再行干奶。

2）干奶期管理　干奶期母羊的饲养可分为两个时期，即干奶期前期和干奶期后期。

（1）干奶期前期　对于营养良好的母羊，从干奶期到产前最后几周，一般给优质粗饲料及少量精饲料即可。对营养不良的干奶母羊，除给优质饲草外，还要饲喂一定量的混合精饲料，以提高其营养水平。一般可按体重为 50 千克，每天产乳 1 ～ 1.5 千克所需要的饲养标准，日给 1 千克左右优质干草，2 ～ 3 千克多汁饲料和 0.6 ～ 0.8 千克的混合精饲料。多汁饲料不宜喂得过多，以免压迫胎儿，引起早产。通过对营养不良的干奶母羊进行较为丰富的饲养，使其在产前具有中上等体况，体重比产奶盛期提高 10% ～ 15%。母羊具有这样的体况，才能保证正常分娩和产后泌乳能力的更好发挥。

若喂给干奶羊的粗料以豆科干草为主，则应补充含磷量高的矿物质添加剂；若粗料以禾本科干草为主，则磷和钙都必须补充，如骨粉等；若单纯补钙，可用石粉、蛋壳粉或贝壳粉。

（2）干奶期后期　在干奶期后期的饲养管理如下：一是采用低钙日粮，这样有利于防止产后奶羊对钙的吸收能力下降；二是在饲料中增加麸皮等青汁饲料的比例，一般不低于 35%，这样可防止胎儿压迫，造成胃肠蠕动缓慢所引起的大便不畅；三是增加优质青干草的饲喂，促进胃肠蠕动；四是保持适当运动，防止胎儿难产；五是根据乳房肿胀程度，调整日粮配方；六是仔细观察乳房、尾根及外阴变化，做好接产准备。

对于干奶羊，冬季不可饲喂过冷的水（水温不低于12℃）、冰冻的块根茎类饲料及腐败霉烂的饲料，或有霉菌、霉草的饲料，以免引起流产。并应注意适当运动，严防羊只相互顶仗、挤撞，发生流产。

6. 种公羊的饲养管理 优秀种公羊对于羊群的改良和提高有着非常重要的作用，因此，必须养好种公羊。品质优良的种公羊，如果饲养管理不当，就难以发挥其种用价值。因此，必须按照种公羊的生理特点和营养需要，进行精心的饲养管理。

1）种公羊的生理特点 奶山羊属于短日照季节性发情动物，但是公羊一年四季都有性欲，而且在繁殖季节性欲比较旺盛，精液品质也好。饲养种公羊，亦有周期性的规律，每年入春之后，种公羊的性欲渐弱，食欲随之旺盛，因此，应趁此时机加强种公羊的饲养管理，使其体态丰满、被毛光亮、精力充沛。进入夏季之后，因天气炎热，8月下旬日照变短，配种季节即将到来，此时，性欲旺盛，若体况尚未培育起来，则秋季很难完成繁重的配种任务。因为配种开始之后，由于性欲冲动强烈，不思饮食，正如泌乳高峰时期的母羊一样，营养是入不敷出的。如此经过一个配种季节，全身的膘情耗损将尽，又须待翌年春天才能再度恢复起来。由此可见，饲养种公羊必须熟知这一季节性生理规律，才能使其在配种季节性欲旺盛，精液品质优良，并可使其体质健壮，利用年限长。

饲养种公羊的目的是获得数量多、质量好的精液。精液除水分外，大部分为蛋白质构成。构成精液的必需氨基酸中有谷氨酸、缬氨酸、天门冬氨酸、赖氨酸、色氨酸、胱氨酸、组氨酸、精氨酸等，所以，精液的产生与饲料中蛋白质关系很大。除蛋白质饲料外，尚需维生素和矿物质，尤以维生素A、维生素E及钙、磷最为需要。由于精子生成的过程较为缓慢，所以要求营养物质亦需较长时间均衡供给。实践证明，饲料的变动对于精液质量的影响非常缓慢。对于一个时期集中使用的种公羊，月余之前就应注意加强营养。若种公羊精液质量不佳，采取加强营养的措施之后，需30天左右才能使其精液质量有所好转。临时再改善营养是不能获得品质优良的精液的。

2）种公羊的日粮组成 优良的禾本科和豆科混合干草，应作为种公羊的主要饲料，一年四季尽量喂给，夏季要补以半数左右的青绿饲料，冬季补给适量的青贮料，日粮营养不足部分，再用混合精饲料补充。精饲料中不可多用玉米或大麦等富含能量类饲料。应特别注意饲料中蛋白质的供应，一般应在混合精饲料中占20%左右。大豆饼、花生饼对种公羊产生优良精液十分有益。在配种任务特别繁忙的季节，要特别注意饲料的质量和适口性，这对提高精子质量有一定的效果。日粮中加入动物性饲料，可使精子密度增加，提高其活力和受精能力。在枯草季节，应加喂一些胡萝卜或大麦芽，以补充维生素的不足。精液中含钙、磷较多，因此，在精饲料中应加喂2%骨粉或碳酸钙，以满足其生产精液之需。

在公羔羊和青年公羊培育期间，因其增重较母羊快，对营养的要求亦较母羊高，所以，在营养上不应等同对待。公羊自幼到老，不宜给体积过大或水分过多的饲料，特别是在幼年时期，如全部用禾秆或大量的多汁饲料培育，不仅增重慢、成年体重小，而且体型呈两头尖、肚子大，失去其种用价值。

种公羊亦不宜饲养过度，造成脂肪堆积，影响配种能力。因此，不宜多用能量饲料，如玉米、大麦等培育种公羊。优质干草和富含蛋白质的精饲料是培育种公羊的主要饲料。

3）种公羊的管理 种公羊的饲养管理根据其生理特点，可分为配种期和非配种期两个阶段。

（1）配种期 种公羊（8～12月）精神处于兴奋状态，心神不安，不安心采食，所以这个时期管理要特别精心，少给勤添，多次饲喂，在饲料的质量上要好，并注意适口性，必要时补充一些富含蛋白质的动物饲料，如鱼粉、鸡蛋、羊奶等，以补偿配种期营养的大量消耗。在配种期，要合理利用种公羊：一般每日配种或采精2次，即上午1次、下午1次，最多不超过3次，6天后休息1天。配种公羊要远离母羊，以免影响种公羊采食。在配种期，当年的小公羊，要与成年种公羊分圈饲养，不然种公羊配种回圈，小公羊一闻到配种时的气味，就互相爬跨，自淫射精，影响其生长发育。

（2）非配种期 非配种期的饲养是配种期的基础。为了给配种期奠定基础，非配种期种公羊的饲养管理也非常重要，不要因为不做配种，就放松饲养管理。在非配种期，有条件的地方要进行放牧，适当补饲豆类精饲料。配种期以前的体重应比配种旺季增加10%～20%，如果完不成这个指标，配种期的任务则难以完成。因此，在配种季节到来前的2个月就应加强饲养，使之逐渐过渡到高能量、高蛋白质的饲养水平。其饲喂方法相似于泌乳羊干奶期的饲养管理。

种公羊配种期或非配种期都要坚持运动，经常修蹄，按时刷拭，对小公羊还应坚持按摩睾丸，促进其生长发育。

六、山羊奶生产标准化

（一）山羊奶的特性

山羊奶中的乳糖颗粒小，加之山羊奶中含有大量的三磷酸腺苷（ATP），能够加快山羊奶中乳糖的分解，故中国人饮用山羊奶不会发生乳糖不耐症和过敏反应。大量研究充分证明，山羊奶含有200多种营养素和生物活性物质，是世界上公认较接近人乳的乳品，不同哺乳动物乳成分的平均水平见表6-1。

与牛奶相比，山羊奶含干物质、脂肪、热能、维生素C均高于牛奶，不仅营养丰富，而且脂肪球小，酪蛋白结构与人乳相似，酸值低，比牛奶易为人体吸收。

表6-1　不同哺乳动物乳成分的平均水平（%）

乳成分	人	奶牛	奶山羊	奶绵羊	马
干物质	12.7	13.4	12.9	16.0	10.8
脂肪	4.5	4.4	4.0	5.1	1.7
蛋白质	1.2	3.4	3.3	5.3	2.5
乳糖	6.8	4.6	4.6	4.6	6.0
矿物质等	0.2	1.0	1.0	1.0	0.6

山羊奶中酪蛋白含量低，奶酪出品率低。牛、羊奶酪蛋白组成存在氨基酸差异，是饮用牛奶过敏的人饮用山羊奶而不过敏的主要原因。

山羊奶酸化后，形成的固体微粒小，容易消化。固态乳中含有胰蛋白酶（凝乳蛋白酶），可使奶短时间内形成凝乳。凝乳质地柔软，保持时间长。奶酪生产中切割和制作凝乳时要注意减少损失。

山羊奶中除含有丰富的钙、维生素A和烟酸外，也含有少量的叶酸和维生素B_{12}。

山羊奶的组成成分以及酸度等为微生物发酵提供了良好条件。

（二）山羊奶收集与处理

1. 山羊奶的形成　奶山羊乳房有两个乳腺区，被中间悬韧带（肌腱）分隔开

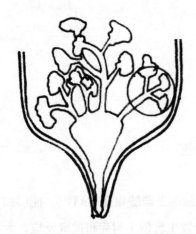

图 6-1　奶山羊乳房示意图

（图 6-1）。中间悬韧带将乳房悬挂在羊的腹部。每个乳腺区末端是乳头，乳头下端有乳头管，乳头管长约 1 厘米，周围包裹强健的乳头孔闭合肌肉，即乳头括约肌。乳头括约肌控制出奶量以及奶的流速。

乳头内有一个空腔，即乳头乳池，与乳腺乳池相连通。乳池壁非常敏感，如果挤奶方式不正确，极易使其受到损伤。有 20 ~ 25 根粗的乳导管连通乳腺乳池。乳腺乳池最大容量约 1 升。乳导管从乳腺乳池中向外延伸分支，越来越细小，直到由乳腺细胞排列形成的腺泡。腺泡分泌乳汁，发育良好的乳房中约有 10 亿个腺泡，集结成簇。挤奶方式不正确会减少腺泡数量，导致产奶量降低。

乳汁主要贮存在腺泡和细小乳导管中，这些组织外侧由肌肉包围。随着腺泡内部和细小乳导管中压力的增加，大部分的乳汁会下行至较粗的乳导管和乳腺乳池中。

2. 排乳反射　按摩乳房和乳头会直接刺激神经组织，促使乳导管系统开放，即所说的排乳。催产素是调控排乳的关键因子，分泌至血液中，同时配合奶山羊的意愿，就可以顺利地通过手工或者机械将奶挤出来。催产素作用时间约 5 分，要在此期间将奶挤完。充分的排乳反射对于彻底挤出乳汁是十分必要的，如若没有排乳反射，则挤奶机无法将仍残留于乳房中的乳汁挤出来。

大脑垂体释放催产素不仅始于乳房刺激（非条件反射），而且某些时候也有信号刺激，如挤奶机声音、羔羊吮吸（条件反射）等。这种排乳机制要求日常挤奶工作要有规律并正确执行，同时使其他干扰因素降低到最小。

奶山羊挤奶时要安静，否则催产素分泌不足会导致乳汁残留于乳房中。当奶山羊挤奶受到干扰时（惊吓、疼痛、噪声），泌乳反射可能会因肾上腺素分泌而受阻。此时机体处于戒备状态，而不泌乳。高效的挤奶工作要有严密的挤奶程序。

为了尽可能促进排乳，提高工作效率，在套挤奶杯之前，要给予奶山羊一定的精饲料。

3. 挤奶方法 挤奶技术简单易学，是挤奶工与泌乳母羊之间相互配合的活动。这项工作非常重要，涉及牧场的经济效益。牧场一般每天要进行 2~3 次挤奶。正确的挤奶过程应包括乳房挤奶前处理、挤奶、乳房挤奶后处理等。挤奶方法有手工挤奶和机器挤奶两种。

1）乳房挤奶前处理 挤奶前，乳房必须处于准备状态。恰当的乳房挤奶前处理能够刺激奶山羊排乳，同时除去乳房和乳头皮肤脱落组织，降低乳房感染细菌的风险。乳房挤奶前处理主要包括：清洁乳头、乳房，避免挤奶过程中奶被污物污染；检查头几把奶是否正常。

以上这些操作能够刺激奶山羊排乳。在日常生产中，修剪奶山羊体侧以及乳房的毛发可避免污物污染。当乳房干燥干净时，对乳房进行干清洁可以达到挤奶要求。干清洁花费时间少且能够降低病原体在奶山羊个体间传播的风险，使用一次性纸巾可降低奶山羊间乳房相互感染的机会。

较脏的乳房要先用温水清洗，然后用一次性纸巾或干净毛巾擦干。接着按洗擦的顺序按摩乳房 2~3 分，如果乳房膨胀，静脉变粗、乳房括约肌松弛，出现放乳现象，应立即挤奶。清洁桶内要经常装满水，尤其是清洗乳房较多时。乳房清洗后如若没有及时擦干，也会成为污染源。挤奶时污水可能顺着管道流入挤奶机，增加病原体传播的风险。严禁奶山羊乳房潮湿或乳头污秽未清理就进行挤奶。

乳房准备的一个重要步骤是检测奶杯盛装的头几把奶。如果奶样稀薄、黏滑或伴有血腥，则可能有乳腺炎。也可以检查乳房和乳头，寻找创伤、肿胀和发红的部位。操作中要谨慎处理被污染的奶。

2）挤奶

（1）手工挤奶 手工挤奶方法有拳握法和滑挤法。

①拳握法是先用拇指和食指握紧乳头基部，防止乳汁回流，手的位置不动，然后先用中指、无名指和小指一起向手心收握，把奶挤出。开始时慢一点，当奶山羊完全排乳后，挤奶则按一定的节奏、力量来进行，直到乳房排空。挤奶时用力要均匀，动作轻快。

②滑挤法是用拇指、食指和中指三指指尖捏住乳头，从上向下滑动，将乳汁挤出（图 6-2 和图 6-3）。无论使用哪种方法，挤奶的最后，应再次按摩乳房，以便将乳汁挤净。

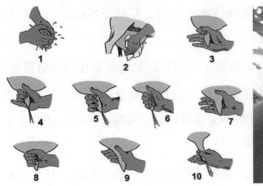

图 6-2　手工挤奶方法示意图

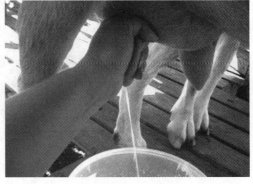

图 6-3　手工挤奶

（2）机器挤奶　乳房刺激结束后 30 秒内，将挤奶杯以正确的方式套在乳头上，使挤奶杯真空损失量降至最小。挤奶期间必须时刻检查每个挤奶杯的工作状况，使挤奶机达到最佳的出奶量,操作娴熟的挤奶工人,可以做到很多羊一同挤奶（图 6-4）。正确套入挤奶杯，避免吸入多余空气，就可以阻止乳腺炎病原体传染或杂质吸入等。挤奶工人要确保奶山羊被正确挤奶，以免造成乳头导管、乳腺乳池或乳头末端损伤。

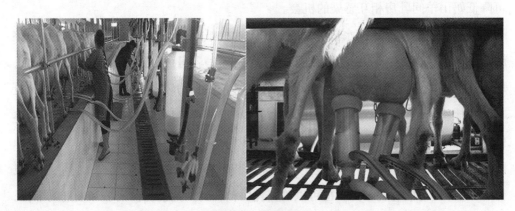

图 6-4　机器挤奶

奶挤尽后要迅速移走挤奶杯，关闭挤奶管道，保证管道真空。移走挤奶杯要先于其他操作，正常运行的挤奶机稍过量挤奶对乳房不会造成严重影响。条件允许的情况下，可以配备奶流量指示器或者自动挤奶脱杯系统（ACR）来辅助挤奶。自动挤奶脱杯系统能够在固定时间内增加挤奶的动物数量，一般在 60 秒内奶流量低于 100 毫升时，能够自动将挤奶杯从奶山羊乳房上移走。

挤奶杯移走后，乳头末端会残留少量的乳汁。如果自然干燥，可能会为外界细菌的增殖提供营养，并吸引携带病原微生物的苍蝇。为防止乳头感染，挤完奶后要用消毒剂蘸洗或喷洒乳头。

3）乳房挤奶后处理

（1）建立冷链收贮运体系　山羊奶既是高级营养品，又是微生物的优良培养基，因而，山羊奶在室温条件下存放的时间愈长，微生物增殖愈多，约在 8 小时后，菌落数成十几倍增加，且菌落数随外界温度的升高而增长，山羊奶贮藏温度与细菌生长的关系见表 6-2。因此，为了确保原料奶质量，必须建立挤奶、贮奶、运输全过程的原料奶冷链收、贮、运体系。

表6-2　山羊奶贮藏温度与细菌生长的关系

24 小时内羊奶贮藏温度	平均计数法，菌落数（个 / 毫升）
摄氏度（℃）	
0	2 400
4	2 500
10	11 600
13	1 8 800
16	180 000
20	450 000
30	1400 000 000
35	25 000 000 000

快速冷却生山羊奶能够保持奶的品质。对于养殖户和乳品加工厂来说，生山羊奶冷却技术可方便安排收奶时间，根据奶量及其他因素，间隔一天、两天甚至三天。降低生山羊奶的收购次数，牧场、乳品加工厂可减少清洁器具的工作量。

目前，养殖户可以买到性能良好的冷却设备。现代冷却设备能够将奶温迅速降至 4℃，且降温过程较为均匀。设备表面材料通常是光滑的不锈钢，可确保设备卫生清洁。

（2）山羊奶品质检测　体况良好的奶山羊，特别是乳房保护较好的，往往能够生产出优质的山羊奶。一般情况下，山羊奶挤出后，要采取切实可行的措施来尽力保持奶品质，这不仅对于直接饮用生山羊奶很重要，同时对奶产品品质也极为重要。为了确保山羊奶的品质符合要求，通常要对山羊奶进行品质检测。

①微生物检测（冷藏奶）。优质的罐装奶通常含有的总细菌数（TBC）在 100 000 个 / 毫升之下。如果 TBC 过高并超过 250 000 个 / 毫升，就要对挤奶系统、冷却系统和饲养管理等方面进行检查。

A.挤奶系统检查包括：挤奶机机械性能问题，必要时配备新设备；检查清洗步骤、清洗剂浓度、清洗液温度、机器运行（水流量）等；维修橡胶零件部分，尤其是挤奶管道和挤奶杯；检查挤奶前乳房处理，挤奶员手部清洁情况等。

B.冷却系统检查包括：检测奶温；是否因突发情况导致冷却系统失灵；奶罐清洗等。

C.饲养管理检查包括：是否人工或机械清洁，冷却等程序是否严格执行；羊与羊床的卫生清洁；饲料贮存卫生条件；关注动物健康、乳腺炎情况。

②新鲜度测定，目的是检查山羊奶的受污染程度。若山羊奶放置时间过长，则奶中的乳酸菌就会大量繁殖，分解乳糖，致使奶的酸度增高，不能加工成合格的乳制品。目前，生产上常用的检查山羊奶新鲜度的方法是乙醇阳性反应法。但这种检验办法灵敏度和特异性不强，不易区分低酸度乙醇阳性奶。据研究，出现这种现象的主要原因是山羊奶钙的含量高，而钾的含量低。虽然这种方法有明显的不足，但检验的速度快。因此，现在生产上仍广泛采用。

用乙醇阳性反应法检查山羊奶新鲜度时，若乙醇（60%）与等体积的山羊奶混合均匀后，出现蛋白质凝固现象，我们就称这种奶为乙醇阳性奶，这个反应就叫山羊奶的乙醇阳性反应。具体检验时，用刻度吸管吸取中性乙醇2毫升，置于洁净干燥的玻璃试管中，用另一刻度吸管吸取搅拌均匀的待检山羊奶2毫升，注入试管中，充分摇动，使乙醇与山羊奶混合，不出现阳性反应的奶称为新鲜奶，把出现乙醇阳性反应的奶定为不合格奶。

③乳腺炎与体细胞数。通常情况下，奶山羊不易得乳腺炎，但是乳房作为产奶的器官组织，对机械损伤（擦伤）、环境变化很敏感，这些都有可能会引起乳房感染微生物而发生乳腺炎。

几乎所有的乳腺炎均是细菌感染引起的。细菌入侵乳头孔和乳腺导管，感染乳腺组织，引起乳房发生炎症。这将诱使血液中白细胞迅速进入乳汁消灭致病菌，导致山羊奶中含有大量的体细胞，产奶量降低。

奶山羊自然防御病菌侵入的组织是乳头末端周围的肌肉，即乳头括约肌，当该肌肉收缩完全时，细菌难以进入乳腺。然而，为确保乳汁流通顺畅，乳头周围的肌肉必须具有柔韧性。通常情况下挤奶期间和挤奶后是奶山羊最易感染的时段。使用消毒药浸润或喷洗乳头，可明显降低乳头感染的风险。挤奶后1~2小时乳头括约肌会完全收缩。挤奶期间或者挤奶后乳头末端直接接触细菌时，这些细菌就容易进入乳腺组织。

奶山羊乳腺炎有几种类型，最常见的是亚临床型乳腺炎和临床型乳腺炎。亚临床型乳腺炎不易被养殖人员发现，因为这种疾病不会出现明显的症状，约有90%的乳腺炎是亚临床型。临床型乳腺炎容易诊断，发病个体出现乳房组织发热、质地变硬等症状。从每个乳头挤出头几把奶进行检测，可有助于挤奶员早期诊断乳腺炎。此外，患有乳腺炎的奶山羊要最后挤奶，以防将病原微生物传染给其他羊。

有一些能较好反映动物身体上细菌感染程度的标志，首选的标志是生羊奶中的体细胞数。当生山羊奶的体细胞数超过400 000个/毫升时，可以认定体细胞数量过高，必须逐一检测动物个体，以便找到可疑动物。牧场普遍使用加利福尼亚乳腺炎检测方法（CMT）。

A. CMT检测原理：CMT试剂是一种加有pH指示剂（略带紫色）的试剂，配制方法为：十二烷基磺酸钠20克，氢氧化钠15克，溴甲酚紫0.15克，溶于1 000毫升蒸馏水中。当生羊奶与CMT试剂等量混合后，CMT试剂溶解或破坏细胞膜和核膜，脱氧核糖核酸（DNA）从细胞核中释放出来。DNA会缠绕或者胶化在一起形成线团状物质。随奶样中白细胞数量的增加，凝胶团数量明显增加。

B. CMT检测方法：收集挤奶的前四把奶，取约2毫升奶样，加入CMT检测杯中，在每个杯中加入等量的CMT试剂，旋转约10秒使杯中物质充分混匀，同时注意读取检测结果。

当发现奶山羊患乳腺炎时，最重要的措施是限制细菌的增殖，因为乳腺炎就是由细菌引起的。如果早期确诊为乳腺炎，受影响的一侧乳房应每小时挤尽乳汁并将山羊奶销毁。24小时后仍未见到改善时，则需使用抗生素治疗。

④纯度或沉淀物检测。健康的奶山羊可生产出高品质的奶。奶山羊饲养应远离泥污、粪污和尘土。定期修剪乳房周围毛发，避免毛发过长而沾染污物。生山羊奶的主要污染源是不干净的乳房和乳头。挤奶前，应彻底清理掉乳房和乳头上的污物。挤奶时应避免环境中灰尘对奶的污染。虽然实际生产中生羊奶要进行过滤，但这并不能完全消灭细菌或去除污物。可使用滤奶器，防止突然出现的污物，也可作为一种监控手段。

山羊奶纯度与细菌数量有关。细菌黏附于污物，如粪污、稻草、饲料和尘土上，从粪污上能检测到10亿个细菌。青贮饲料饲喂奶山羊时，会发现大量酪酸菌或者丁酸梭菌的孢子，这些孢子可影响成品奶酪的品质，即出现奶酪的"后成熟"。

干草饲喂奶山羊时，可发现大量芽孢杆菌的孢子，这些孢子也会影响酸奶和液态奶的品质。

⑤冰点。奶中掺水将影响奶的冰点。山羊奶的平均冰点约为 -0.56℃。只要奶中掺水，奶的冰点将上升，接近于水的冰点。通过特殊设备，如冰点测定器、乳脂计等检测，就可以判断奶中是否掺水。实际生产中，常使用乳用密度计和电导仪进行检测。许多国家收购生山羊奶不以量计，而是基于奶中脂肪和蛋白质的含量。山羊奶最终定价时，也会考虑到加工成本以及运输费。

⑥抗生素。奶中存在不同种类的天然生长抑制物质，这些天然物质会在奶巴氏灭菌消毒时失活。然而，使用过抗生素治疗的奶山羊产出的羊奶运输至乳品加工厂，在加工成山羊奶产品过程中会出现许多问题，如影响细菌的活性。细菌的活性保留至关重要，是奶酪、黄油以及酸奶等产品风味的诱发剂。

抗生素另一个重要问题是诱发过敏反应。一些人对某些抗生素过敏，饮用含有抗生素的乳品会产生疾病。

基于以上原因，无抗生素的山羊奶显得非常重要，在生产加工前可使用酸奶检测法对生山羊奶进行检测。

6. 热处理（巴氏灭菌法） 在巴氏灭菌法被应用于奶消毒之前，奶由于是微生物生长的最适培养液，因而被认为是多种疾病传染源。一些疾病，如肺结核和斑疹伤寒，有时也是通过食用奶传播的。

奶的巴氏灭菌法采用的是一种特殊的热处理法，定义为"奶的热处理，要保证对结核菌有一定的损害但不会显著影响奶的理化性质"。

生山羊奶中通常存在磷酸酶，巴氏灭菌时会将其破坏。通过磷酸酶检测实验很容易确定磷酸酶是否存在，如果没有检测到磷酸酶，说明奶的热处理效果良好。

通过相对温和的热处理，所有在奶中出现的致病菌都可被杀死，而这种热处理对奶的理化性质只有轻微的影响。最耐热的微生物是结核杆菌，若要将这种细菌完全杀死，通常需要将奶加热到 63℃ 并持续 10 分。若将奶加热到 63℃ 持续 30 分，完全可确保消毒奶质量安全。结核杆菌被视为评价巴氏灭菌法效果的指示生物，任何破坏结核杆菌的热处理均可用来消灭奶中其他的病原菌。

奶中除了致病微生物，还含有一些其他物质和微生物，会影响口感和缩短奶制品保质期。因此，需要比杀死病菌更强烈的热处理，尽可能消灭这些微生物以及生物酶系统。

随着奶畜养殖数量的增加，热处理作用显得越来越重要。尽管有现代化制冷技术，但越来越长的配送时间间隔会促进微生物繁殖并形成生物酶系统，导致乳成分降低、pH下降，等等。为了克服这些问题，奶在到达乳品加工厂后必须尽快进行热处理。热处理时长和温度的配合很重要，对大肠杆菌、斑疹伤寒菌、结核杆菌和耐热微球菌有致死效应的温度和时长有相应的曲线。

生产中发现，65℃需要10秒才能杀死大肠杆菌，而70℃持续1秒和65℃持续10秒有相同的灭菌效果。结核杆菌比大肠杆菌对热处理抵抗力更强，要确保完全杀死，需要保持70℃持续20秒或65℃持续2分。奶中可能会存在一些耐热微球菌，一般都是无害的。

从微生物角度来看，对奶进行高强度热处理是可取的。但是这样的处理同样可能影响奶的外观、风味和营养价值。高温下奶中的蛋白质会变性，不利于奶酪制作。高强度热处理会使奶味道发生改变，从熟味变成焦炭味。因此，在考虑对微生物和奶质量影响前提下，要优化热处理的温度和时间。

七、奶山羊疫病防治标准化

（一）保健措施

1. 消毒　消毒是利用物理、化学或生物学方法定期对圈舍、场地、用具进行杀灭或清除外界环境中的病原体，从而切断其传播途径、防止疫病流行的方法。消毒是贯彻"预防为主"方针的一项重要措施。

1）消毒分类　根据消毒的目的，可分以下 3 种情况：

（1）预防性消毒　结合平时的饲养管理对圈舍、场地、用具和饮水等进行定期消毒，以达到预防传染病的目的。此类消毒一般 1~3 天进行 1 次，每 1~2 周还要进行 1 次全面大消毒。

（2）临时消毒　在发生传染病时，为了及时消灭刚从传染源排出的病原体而采取的消毒措施。消毒的对象包括患病动物所在的圈舍、隔离场地以及被患病动物的分泌物、排泄物污染的或可能污染的一切场所、用具和物品，通常在解除封锁前，进行定期的多次消毒，隔离舍应每天消毒 2 次以上或随时进行消毒。

（3）终末消毒　在患病动物解除隔离、痊愈或死亡后，或者在疫区解除封锁之前，为了消灭疫区内可能残留的病原体所进行的全面的大消毒。

2）消毒方法　消毒的方法很多，不同的方法适于不同的消毒目的和对象。在实际工作中应根据具体情况选择最佳消毒方法。常用的消毒方法主要有以下几种。

（1）机械性清除　用机械的方法如清扫、洗刷、通风等清除病原体，是最普通、常用的方法。如圈舍地面的清扫和洗刷、动物体被毛的刷洗等，可以去掉粪便、垫草、饲料残渣及动物体表的污物，同时清除大量病原体。

保持羊舍良好的通风，可在短期内使舍内空气交换，减少病原体的数量。

（2）物理消毒法

①阳光、紫外线。阳光中的紫外线有较强的杀菌能力，所以应让羊只保证充足的太阳照射。在实际工作中，很多场合用紫外线灯发出的紫外线来进行人和物品表面及空气消毒。

紫外线对人的皮肤、黏膜有一定的损害，因此不能用裸眼直视紫外线灯，人员消毒时不能超过 15 分。灯管周围 1.5~2 米处为消毒有效范围。除人员外，其他消毒对象的消毒时间为 0.5~2 小时。房舍消毒每 10~15 米^2 面积可设 30 瓦灯管 1 个，最好每照 2 小时间歇 1 小时，然后再照射，以免臭氧浓度过高。当空气相对湿度为 45%~60% 时，照射 3 小时可杀灭 80%~90% 的病原体。

②高温是最彻底的消毒方法之一，包括火焰烧灼和烘烤、煮沸消毒和蒸汽消毒。

A. 火焰烧灼和烘烤是简单而有效的常用消毒方法。用于地面、墙壁、金属圈栏和用具的消毒，及严重传染病（如炭疽、气肿疽等）患病动物粪便、饲料残渣、垫草、污染的垃圾和病尸的处理。

B. 煮沸消毒是经常应用的方法。大部分病原微生物在 100℃ 的沸水中迅速死亡。各种金属、木质、玻璃用具、衣物等都可以进行煮沸消毒。

C. 蒸汽消毒是指空气相对湿度为 80%~100% 的热空气能携带许多热量，遇到消毒物品凝结成水，放出大量热能，从而达到消毒的目的。

（3）化学消毒法　化学消毒法也是兽医防疫实践中最常用的消毒方法之一。在选择化学消毒剂时应考虑对该病原体的消毒力强、对人和动物的毒性小、不损害被消毒的物体、易溶于水、在消毒的环境中比较稳定、不易失去消毒作用、价廉易得和使用方便的消毒剂。根据不同分类方法可将化学消毒剂分为很多类型。

①根据其作用机制分类。

A. 凝固蛋白质和溶解脂肪类：如甲醛、酚、醇、酸等。

B. 溶解蛋白质类：如氢氧化钠、石灰等。

C. 氧化蛋白质类：如高锰酸钾、过氧化氢、漂白粉、碘、过氧乙酸等。

D. 与细胞膜作用的阳离子表面活性剂：如苯扎溴铵、氯己定等。

E. 致细胞脱水作用：如甲醛、乙醇等。

F. 与蛋白质巯基作用：如重金属盐类（升汞、硝酸银等）。

G. 与核酸作用的碱性染料：如甲紫（结晶紫）。

H. 其他：如戊二醛、环氧乙烷等。

②根据其化学性质和不同结构分类。

A. 酚类：如洗必泰等，能使菌体蛋白质变性、凝固而起杀菌作用。

B. 醇类：如 70% 乙醇等，能使菌体蛋白质凝固和脱水，而且有溶脂的特点，能渗入细菌体内发挥杀菌作用。

C. 酸类：如硼酸、盐酸等，能抑制细菌细胞膜的通透性，影响细菌的物质代谢。乳酸可使菌体蛋白质变性和水解。

D. 碱类：如氢氧化钠，能水解菌体蛋白质和核蛋白质，使细胞膜和酶活性受阻。

E. 氧化剂：如过氧化氢、过氧乙酸等，遇有机物即释放出初生态氧，破坏菌体蛋白质和酶。

F. 卤素类：如漂白粉等容易渗入细菌细胞内，对胞质蛋白产生卤化和氧化作用。

G. 重金属类：如升汞等，能与菌体蛋白质结合，使蛋白质变性、沉淀而产生杀菌作用。

H. 表面活性剂：如苯扎溴铵、洗必泰等，能吸附于细胞表面，溶解脂质。改变细胞膜的通透性，使菌体内的酶和代谢中间产物流失。

I. 染料类：如甲紫等，能改变细菌的氧化还原电位，破坏正常的离子交换机能，抑制酶的活性。

J. 挥发性烷化剂：如甲醛等，能与菌体蛋白质和核酸的氨基、羟基、巯基发生烷基化反应，使蛋白质变性或核酸功能改变，产生杀菌作用。

上述消毒剂各有特点，可按具体情况加以选用。

③常用化学消毒剂。

A. 氢氧化钠（苛性钠、烧碱）：对细菌和病毒均有强大的杀灭力，常配成 1%~2% 热水溶液消毒被污染的圈舍、地面和用具等。当其中加入 5%~10% 食盐时，可增强其对炭疽杆菌的杀菌力。本品对金属物品有腐蚀性，消毒完毕要冲洗干净。对皮肤和黏膜有刺激性，消毒圈舍时，应驱出动物，隔半天以水冲洗饲槽地面后，方可让动物进舍。

B. 碳酸钠：其粗制品又称碱。常配成 4% 热水溶液洗刷或浸泡衣物、用具、车船和场地等。

C. 石灰乳：取生石灰（氧化钙）1 份加水 1 份制成熟石灰（氢氧化钙），然后用水配成 10%~20% 混悬液用于消毒。

D. 漂白粉：又称氯化石灰,其主要成分为次氯酸钙,消毒作用与有效氯含量有关,一般为 25%~30%，低于 16% 时即不适用于消毒。所以在使用漂白粉前，应测定其有效氯含量。常用剂型有粉剂、乳剂和澄清液（溶液）。其 5% 溶液可杀死一般性病原体，10%~20% 溶液可杀死芽孢。常用浓度 1%~20% 不等，视消毒对象和药品的质量而定。一般用于圈舍、地面、水沟、粪便、运输车船、水井等消毒。

E. 过氧乙酸：纯品为无色透明液体，易溶于水。市售成品有 40% 水溶液，性质不稳定，需密闭避光贮存在低温（3~4℃）处。低浓度水溶液易分解，应现用现配。本品为强氧化剂，消毒效果好，能杀死细菌、真菌和病毒。除金属制品和橡胶外，可用于消毒各种物品。还可用 0.2%~0.3% 溶液在圈舍中喷雾，做动物消毒。

F. 二氧化氯：新型广谱高效消毒剂。本品不仅具有强消毒作用，还可清洁用水及其他养殖环境（如圈舍、地面等）。

G. 乙醇：为临床常用的皮肤消毒剂，浓度为 75%，常与碘酊合用。能杀死一般细菌。

（4）生物热消毒　生物热消毒法主要用于污染的粪便、垃圾等的无害化处理。在粪便堆沤过程中，利用粪便中的微生物发酵产热，可使温度高达 70℃ 以上。经过一段时间，可以杀死病原体、寄生虫卵等而达到消毒目的，同时又保持了粪便的良好肥效。

2. 免疫接种　免疫接种是指用人工方法将有效疫苗引入动物体内使其产生特异性免疫力，由易感状态变为不易感状态的一种疫病预防措施。有组织、有计划地免疫接种，是预防和控制动物传染病的重要措施之一。在某些传染病（如小反刍兽疫、羊痘和痢疾等病）的防控措施中，免疫接种更具有关键性的作用。根据免疫接种的时机不同，可将其分为预防接种和紧急接种两大类。

1）预防接种　根据所用生物制剂的性质和工作需要，可采用注射、点眼、滴鼻、喷雾和饮水等不同的接种方法。不同的疫苗免疫保护期相差很大，接种后经一定时间（数天至 3 周），可获得数月至 1 年以上的免疫力。

（1）预防接种应有周密的计划　为了做到预防接种有的放矢，应对当地各种传染病的发生和流行情况进行调查了解，弄清楚存在哪些传染病，在什么季节流行，据此拟订每年的预防接种计划。如果在某一地区过去从未发生过某种传染病，也没有从别处传进来的可能时，则不必进行该传染病的预防接种。

预防接种前，应对被接种的动物进行详细地检查和调查了解，特别注意其健康情况、年龄大小、是否正在妊娠或泌乳以及饲养条件的好坏等。成年的、体质健壮或饲养管理条件较好的动物，接种后会产生较强的免疫力。反之，接种后产生的抵抗力就差些，也可能引起较明显的接种反应。妊娠动物，特别是临产前的动物，在接种时由于驱赶、捕捉等影响或者由于疫苗所引起的反应，有时会发生流产、早产或影响胎儿的发育。泌乳期或产卵期的动物预防接种后，有时会暂时减少产奶量或产卵量。所以，对那些幼年的、体质弱的、有慢性病的和妊娠后期的动物，如果不是已经受到传染的威胁，最好暂时不接种。

疫苗接种后经过一定时间（10~20天），应检查免疫效果。目前常用测定抗体的方法来监测免疫效果。这样可以及早知道是否达到预期免疫效果。如果免疫失败，应尽早、尽快补防，以免发生疫情。

（2）应注意预防接种的反应　免疫接种后，要注意观察动物接种疫苗后的反应，如有不良反应或发病等情况，应及时采取适当措施，并向有关部门报告。反应可分为下列3种类型。

①正常反应。是指由于制品本身的特性而引起的反应，其性质与反应强度随制品而异。例如，某些制品有一定毒性，接种后可以引起一定的局部或全身反应。

②严重反应。但程度较重或发生反应的动物数超过正常比例。

③并发症。是指与正常反应性质不同的反应。主要包括：超敏感（血清病、过敏休克、变态反应等），扩散为全身感染（由于接种活疫苗后，防御机能不全或遭到破坏时可发生）和诱发潜伏感染。

接种弱毒活疫苗前后各5天，动物应停止使用对疫苗活菌有杀灭力的药物，以免影响免疫效果。

（3）几种疫苗的联合使用　同一地区、同一种动物，在同一季节内往往可能有两种以上疫病流行。一般认为，当同时给动物接种两种以上疫苗时，这些疫苗可分别刺激机体产生多种抗体。为了保证免疫效果，对当地流行最严重的传染病，最好能单独进行接种，以便增强免疫效果。

（4）合理的免疫程序　一个地区、一个养殖场可能发生的传染病不止一种，所以，为了达到理想的免疫效果，需要根据各方面情况制定科学、合理的免疫程序。所谓免疫程序是指根据一定地区、养殖场或特定动物群体内传染病的流行状况、动物健康状况和不同疫苗特性，为特定动物群制订的接种计划，包括接种疫苗的类型、顺序、时间、次数、方法、时间间隔等规程和次序。不同的传染病其免疫程序一般也不相同，有的简单，有的复杂。每种传染病的免疫程序组合在一起就构成了一个地区、一个养殖场或特定动物群体的综合免疫程序。凡是有条件能做免疫监测的，最好根据免疫监测结果即抗体水平变化结合实际经验来指导、调整免疫程序。

免疫种用动物所产幼龄动物在一定时间内其体内有母源抗体存在，对建立自主免疫有一定影响，因此对幼龄动物免疫接种往往不能获得满意结果。

2）紧急接种　紧急接种是指在发生传染病时，为了迅速控制和扑灭疫情而对疫区和受威胁区尚未发病的动物进行的应急性计划外免疫接种。例如在发生口蹄疫、小反刍兽疫等一些急性传染病时，疫苗紧急接种作为迅速控制疫情的重要措施已广泛应用并取得较好的效果。

紧急接种是在疫区及周围的受威胁区进行，受威胁区的大小视疫病的性质而定。某些流行性强大的传染病，如口蹄疫，其受威胁区在疫区周围5~10千米。这种紧急接种的目的是建立"免疫带"以包围疫区，就地扑灭疫情，防止其扩散蔓延。但这一措施必须与疫区的封锁、隔离、消毒等综合措施相配合才能取得较好的效果。

3.药物预防　药物预防是在动物的饲料、饮水中加入某种药物，对某些疫病进行群体性化学预防，在一定时间内可以使受威胁的易感动物得到保护，也是预防和控制动物传染病的有效措施。

1）**药物预防的现实意义**　现代化、工厂化畜牧业生产必须尽力做到使动物群无病、无虫、健康，才能避免重大经济损失。应用群体药物预防也是一项重要措施和一条有效途径。实践证明，在具备一定条件时，对某些疫病采用此种方法可以收到显著效果。群体药物预防是使用安全价廉的药物加入饲料和饮水中进行的预防措施。其中最常用的有磺胺类药物、抗生素、中草药以及近年来广泛使用的喹乙醇和喹诺酮类等。

2）**药物预防的弊端及误区**　虽然作为保健添加剂的药物在动物疫病防控中具有重要作用和很多优点而被广泛应用，但它既然是药物，就势必带有药物的弊端。长期使用药物特别是抗生素类药物预防，容易产生耐药菌株，影响预防效果；并可能给人类健康带来严重危害，因为一旦产生耐药性菌株，如有机会感染人类，则会贻误治疗。因此需要经常不断研发、更换新的敏感药物。长期使用抗菌药物还可能引起动物体内正常菌群失调，诱发条件性疾病。

3）**科学实施药物预防的原则和方法**　预防用药一般选用常规药物即常用的一线药物即可，如青霉素、喹乙醇。特殊情况下，预防疾病的目标很明确时可选用特定药物，如因季节变化而要预防气喘病时，可选用泰乐菌素或支原净。严格掌握药物的种类、剂量和用法。掌握好用药时间和时机，做到定期间断和灵活用药。交叉用药，定期更换。一个养殖场或一个动物群避免长期使用同一种药物，应定期更换，交叉使用几种药物。

（二）常见疫病介绍与防治

奶山羊常发的疫病主要有口蹄疫、小反刍兽疫、病毒性腹泻（黏膜病）、山羊病毒性关节炎－脑炎、绵羊肺腺瘤病、羊支原体性肺炎、运输应激综合征、乳腺炎、蓝舌病等。这些病的共同特点是只感染反刍动物。从病程上看，口蹄疫、小反刍兽疫等为典型的急性、热性病，发病急、传播快，一般病死率都较高。其他病为典型的慢性传染病，病程长，病情发展缓慢。从对动物的危害方式上看，山羊病毒性关节炎－脑炎和边界病主要引起羊的神经系统疾病，蓝舌病可引起羊的繁殖障碍。

1. 病毒性传染病

1）口蹄疫　口蹄疫在我国民间俗称"口疮""蹄癀"，是由口蹄疫病毒引起的一种急性、热性、高度接触性人畜共患传染病，主要侵害牛、羊、猪等偶蹄类动物。其临床特征是在口腔黏膜、四肢下端及乳房等处皮肤形成水疱和烂斑。本病传播迅速，流行面广，成年动物多取良性经过，幼龄动物多因心肌受损而病死率较高。随着国际贸易日趋增加，物资交流和国际交往越来越频繁，给本病的预防和控制增加了难度。

（1）病原　口蹄疫病毒属于微RNA病毒科的口蹄疫病毒属。病毒粒子为二十面体对称结构，呈球形或六角形，直径为20~25微米，无囊膜。内部为单股线状正链RNA，决定病毒的感染性和遗传性；外部为蛋白质，决定其抗原性、免疫性和血清学反应能力。FMDV为小RNA病毒科成员，无囊膜，病毒基因容易变异，抗原差异性较大。该病传播途径主要是健康动物直接接触发病动物，或者接触病猪的唾液、乳汁、精液、分泌物、排泄物及其含有病毒的气溶胶等，发病较快，传播速度也快，给养殖业造成巨大的经济损失。

（2）临床症状　临床症状主要为患病动物的口、蹄、乳头等部位发生水疱、糜烂、溃疡。病羊精神沉郁，体温升高（40~41℃），跛行。幼龄动物常造成心肌炎（虎斑心），病死率较高；成年动物病死率较低，常能耐过，但带毒，成为传染源，持续排毒，严重威胁着其他健康动物。

（3）防控

①非疫区严禁从发生过本病的地区购进动物及其产品、饲料、生物制品等。

②检出阳性动物时，全群动物销毁处理，运载工具、动物废料等污染器物应就地消毒。

③加强饲养管理，保持圈舍卫生，经常进行消毒，平时减少机体的应激反应。

④口蹄疫流行区，应坚持免疫接种，做好血清型鉴别，用与当地流行毒株同型的口蹄疫灭活苗接种动物。

⑤对疫区和受威胁区内的动物进行免疫接种，在受威胁区周围建立免疫带以防疫情扩散。

⑥康复血清或高免血清用于疫区和受威胁区动物，可控制疫情和保护幼龄动物。

⑦粪便采取堆积发酵处理或用 5% 氨水消毒；圈舍、场地和用具用 2%~4% 氢氧化钠液、10% 石灰乳、0.2%~0.5% 过氧乙酸喷洒消毒；毛、皮用环氧乙烷、溴化甲烷或甲醛气体消毒，肉品采用 2% 乳酸或自然熟化产酸处理。

2）小反刍兽疫　小反刍兽疫（PPR）是由小反刍兽疫病毒（PPRV）引起小反刍动物的一种急性病毒性传染病。其特征是发病急剧、高热稽留、眼鼻分泌物增加、口腔糜烂、腹泻和肺炎。本病毒主要感染绵羊和山羊。我国于 2007 年 7 月在西藏自治区首次暴发疫情。

（1）病原　小反刍兽疫病毒为副黏病毒科、麻疹病毒属的成员。PPRV 只有 1 个血清型，但根据基因进化树将该病毒分为 4 个系，其中Ⅰ、Ⅱ、Ⅲ系来自非洲，Ⅳ系来自亚洲。PPRV 基因组是不分节段的单股负链 RNA，编码 8 种相应蛋白。

（2）临床症状　根据病程长短通常有 3 种类型表现。

①最急性型。常见于山羊，潜伏期 2 天。体温为 40~41℃，精神沉郁，拒食，流浆液黏性鼻液。常有齿龈出血，有时口腔黏膜溃疡。病初便秘，相继大量腹泻，体力衰竭而死亡。病程 5~6 天。

②急性型。潜伏期 3~4 天。病初体温 41℃ 以上，稽留 3~5 天，厌食，鼻镜干燥，眼鼻分泌物由浆液性转为黏液脓性，堵塞鼻孔。口腔黏膜和齿龈充血，涎液大量分泌排出；随后黏膜出现坏死性病灶，感染部位包括下唇、下齿龈等处，严重病例可见坏死病灶波及齿龈、上腭、颊部及其乳头、舌等处。后期常出现带血的水样腹泻，病羊严重脱水，消瘦，并常有咳嗽、胸部啰音以及腹式呼吸的表现。幼年动物发病严重，发病率和病死率都很高。母羊常发生外阴阴道炎，伴有黏液脓性分泌物，有的孕羊

发生流产。病程 8~10 天，有的痊愈或转为慢性。

③亚急性或慢性型。常见于最急性和急性型之后。特有的症状是口腔和鼻孔周围以及下颌部发生结节和脓疱。

（3）防控　本病无特效的治疗方法，应该加强饲养管理，发病初期使用抗生素或磺胺类药物可降低病死率，还能有效预防继发性感染的发生。

3）传染性脓疱　传染性脓疱俗称"羊口疮"，是由传染性脓疱病毒引起绵羊、山羊的一种急性接触传染性、嗜上皮性的人畜共患病。以在口、唇、舌、鼻、乳房等部位的皮肤和黏膜形成丘疹、水疱、脓疱、溃疡和结成疣状厚痂为特征。羔羊最为敏感，常引起群体发病，尤其是密集的羊群。本病又称为传染性脓疱性皮炎、口疮、口溃疡、痂皮口、触染性脓疱口炎、传染性唇皮炎等。

（1）病原　传染性脓疱病毒又称羊口疮病毒，分类上属于痘病毒科的副痘病毒属。病毒粒子呈砖形，含双股 DNA。

（2）临床症状　本病在临床上一般分为唇型、蹄型和外阴型 3 种病型，也见混合型感染病例。

①唇型。病羊首先在口角、上唇或鼻镜上出现散在的小红斑，逐渐变为疣状和小结节，继而成为水疱或脓疱，破溃后结成黄色或棕色的疣状硬痂。

②蹄型。病羊多见一肢患病，但也可能同时或相继侵害多数甚至全部蹄端。通常于蹄叉、体冠或系部皮肤上形成水疱、脓疱，破裂后则成为由脓液覆盖的溃疡。

③外阴型。病羊表现为黏性或脓性阴道分泌物，在肿胀的阴唇及附近皮肤上发生溃疡；乳房和乳头皮肤（多系病羔吮乳时传染）上发生脓疱、烂斑和痂垢；公羊则表现为阴鞘肿胀，出现脓疱和溃疡。

（3）防控

①加强饲养管理。不从疫区引进羊只或购入饲料、动物产品。引进羊只提前做好监测和引进后必须隔离检疫 2~3 周，同时应将蹄部多次清洗、消毒，证明无病后方可混大群饲养。保护羊的皮肤、黏膜不受损伤，拣出饲料和垫草中的芒刺。加喂适量食盐，以减少羊只啃土啃墙，防止发生损伤。

②坚持免疫接种。本病流行区用羊口疮弱毒疫苗进行免疫接种，使用疫苗株毒型应与当地流行毒株相同。

③隔离消毒与对症治疗。发病时，应对全部羊只进行检查，发现病羊立即隔离治疗，并做好污染环境的消毒，用 2% 氢氧化钠溶液、10% 石灰乳或 20% 草木灰水

彻底消毒用具和羊舍。对严重病例应给予支持疗法。为防止继发感染，必要时可应用抗生素或磺胺类药物。

4）流行性感冒　是由 A 型（甲型）流感病毒引起的人畜共患传染病。通常侵害上呼吸道，以发热、咳嗽、打喷嚏、呼吸困难、流鼻涕及乏力等症状为主。

（1）病原　流感病毒属于正黏病毒科，该科下设 5 个属，其中有 3 个是流感病毒属，即 A 型流感病毒属、B 型流感病毒属和 C 型流感病毒属。病毒囊膜包裹的基因组含有 8 个片段的单股 RNA。

（2）临床症状　根据病毒亚型的不同，表现的临床症状不完全一样。典型病例表现发热，体温上升到 39.5℃，稽留 2~5 天。最主要的临床症状是最初 2~3 天经常干咳，随后逐渐变为湿咳，持续 2~3 周。亦常发生鼻炎，先为水样后变为黏稠鼻液。病羊挤卧，活动困难。

（3）防控　依靠严格的生物安全措施预防；如发现感染，果断采取隔离封锁、扑杀销毁、环境消毒等措施，防止疫情扩散。使用疫苗是可供选择的控制方法之一，但是作为整个控制策略的一部分，而不应完全依赖疫苗乃至乱用疫苗。

2. 细菌性传染病

1）羊支原体性肺炎　羊支原体性肺炎是由支原体所引起绵羊和山羊的一种高度接触性传染病，山羊支原体肺炎又称山羊传染性胸膜肺炎。其临床特征为高热、咳嗽，胸和胸膜发生浆液性和纤维素性炎症，取急性或慢性经过，病死率很高，给养羊业造成巨大的危害。

（1）病原　本病的病原有山羊支原体山羊肺炎亚种、山羊支原体山羊亚种、丝状支原体丝状亚种、丝状支原体山羊亚种、绵羊肺炎支原体，均为细小、多型性的微生物，革兰染色阴性。

（2）临床症状　根据病程和临床症状，可分为最急性、急性和慢性 3 种。

①最急性型。病初体温增高，可达 41~42℃，极度委顿，食欲废绝，呼吸急促并有痛苦的咩叫，呼吸困难，咳嗽，流带血鼻液。

②急性型。最常见。病初体温升高，继之出现短而湿的咳嗽，伴有浆液性鼻液。4~5 天后，变为干咳，咳时有痛感，鼻液转为黏液，脓性并呈铁锈色，黏附于鼻孔和上唇，结成干的棕色痂垢。

③慢性型。全身症状轻微，体温 40℃ 左右。病羊间有咳嗽和腹泻，鼻液时有时无，食欲减退。消瘦，身体衰弱，被毛粗乱无光。

（3）防控

①预防。支持自繁自养，不从有病地区引种，必须引进时应加强检疫。新引进的羊必须隔离检疫1个月以上，确认健康时方可混入大群。

加强饲养管理，在饲料缺乏的季节，做好补饲。育肥羊饲养密度要适当，做好通风换气。免疫接种丝状支原体山羊亚种氢氧化铝苗和鸡胚化弱毒苗以及绵羊肺炎支原体灭活苗。羊群一旦发病，要及时诊断，隔离病羊，对污染的环境、饲管用具进行消毒，病死羊的尸体应进行无害化处理。

②治疗。支原体对外界环境因素抵抗力不强，对紫外线敏感，阳光直射很快失去感染力；对温度敏感；对重金属盐、碳酸、来苏儿和一些表面活性剂较敏感；对醋酸铊、结晶紫有抵抗力；对红霉素、四环素、土霉素等抗生素敏感，对青霉素、链霉素不敏感，绵羊肺炎支原体对红霉素有一定抵抗力。

在早期治疗效果较好，晚期治疗则效果较差。用新肿凡纳明（914）静脉注射配合对症疗法有较好疗效。也可用土霉素、四环素或氟苯尼考等进行治疗，同时加强护理，配合对症疗法。

2）羊梭菌性疾病　羊梭菌性疾病是由梭菌属中的多种细菌引起的一类急性传染病，包括羊快疫、羊猝疽、羊肠毒血症、羊黑疫和羔羊痢疾等。其共同特点是发病急、死亡快。本病广泛分布于世界各地，也是我国主要养羊地区的常发疾病，给养羊业造成了巨大的损失。

（1）羊快疫　羊快疫是由腐败梭菌引起的主要发生于绵羊的一种急性传染病，其症状特点是突然发病和急性死亡，主要病变是皱胃出血性炎症。

①病原。腐败梭菌为革兰阳性厌氧大肠杆菌，在动物体内外均可形成芽孢，呈卵圆形，位于菌体中央或偏端。

②临床症状。突然发病，常看不到症状即突然死亡。有的病羊腹胀，有疝痛样症状，排黑色软粪或稀粪，混有血液和黏液。

③防控。平时要加强饲养管理，特别注意避免羊只受寒感冒和采食带冰霜的草料。在本病常发区，可给羊进行免疫接种，疫苗主要有羊快疫、猝疽、肠毒血症三联苗，羊快疫、猝疽、肠毒血症、羔羊痢疾、黑疫五联苗，快疫、猝疽、羔羊痢疾、肠毒血症、黑疫、肉毒中毒、破伤风七联苗和羊三联四防灭活苗（快疫、猝疽、肠毒血症、羔羊痢疾）。现在主要应用羊三联四防灭活苗进行免疫。免疫期6~9个月，在每年3月、9月各接种1次即可。发病后，及时诊断，隔离病羊，对病程较长者可进行对

症治疗和抗菌类药物治疗。

（2）羊猝疽　羊猝疽是由 C 型产气荚膜梭菌引起羊发生的一种毒血症，以急性死亡、腹膜炎和溃疡性肠炎为特征。

①病原。本病病原为 C 型产气荚膜梭菌，为革兰阳性大肠杆菌。多数菌株能形成荚膜。本菌能产生强烈的外毒素，为厌氧菌，需在厌氧的环境下培养。

②临床症状。本病病程短，常突然发病死亡，有时可见病羊掉群、卧地、不安、衰弱和痉挛，数小时内死亡，病死率高。

③防控。平时加强饲养管理，减少疾病诱因。本病常发地区，可给羊进行免疫接种，使用羊三联四防灭活苗或羊快疫、猝疽、肠毒血症三联苗。在每年春、秋季各接种 1 次即可。

（3）羊肠毒血症　羊肠毒血症是由 D 型产气荚膜梭菌引起的主要发生于绵羊的一种急性毒血症。其特点是发病急、死亡快，死后肾组织迅速软化。

①病原。本病病原为 D 型产气荚膜梭菌。

②临床症状。本病潜伏期短，多为突然发病，往往见不到症状便很快倒地死亡。病羊倒地，四肢强烈划动，肌肉震颤，眼球转动，磨牙，抽搐。

③防控。平时加强饲养管理，减少诱因，特别注意防止羊突然采食大量青嫩多汁和富含蛋白质的饲草。在常发地区，应定期接种羊三联四防灭活苗或羊快疫、猝疽和肠毒血症三联苗进行免疫预防。

（4）羊黑疫　羊黑疫是由 B 型诺维梭菌引起的绵羊和山羊的一种急性高度致死性毒血症，其特征是急性死亡和肝实质出现坏死灶。

①病原。诺维梭菌为革兰阳性、两端钝圆的大肠杆菌，能形成芽孢。本菌为严格厌氧菌，需在厌氧的环境下培养。

②临床症状。本病在临床上与羊快疫、肠毒血症类似。病程急促，绝大多数未见临床症状而突然死亡。病程稍长者，可拖延 1~2 天，但没有超过 3 天的。

③防控。加强饲养管理，消除发病诱因。常发本病的地区，用羊快疫、猝疽、肠毒血症、羔羊痢疾、黑疫五联苗或羊快疫、猝疽、羔羊痢疾、肠毒血症、黑疫、肉毒中毒、破伤风七联苗进行免疫接种。

（5）羔羊痢疾　羔羊痢疾是由 B 型产气荚膜梭菌引起初生羔羊发生的一种急性毒血症，以剧烈腹泻、小肠溃疡和羔羊大批死亡为特征。

①病原。本病病原为 B 型产气荚膜梭菌。

②临床症状。自然感染的潜伏期为1~2天。病初精神沉郁，低头拱背，不吮乳。不久发生腹泻，粪便恶臭，有的稠如面糊，有的稀薄如水，后期可能含有血液，甚至为血便。病羔逐渐虚弱，卧地不起，若不及时治疗，常在1~2天死亡，只有少数病轻的，可能自愈。有的病羔，腹胀而无腹泻，或只排少量稀粪，主要表现神经症状。

③防控。加强饲养管理，减少诱因和应激因素。常发地区每年秋季给母羊接种羊快疫、猝疽、羔羊痢疾、肠毒血症、黑疫五联苗或羔羊痢疾疫苗，产前2~3周加强免疫1次，可使新生羔羊从初乳中获得被动免疫。也可进行药物预防，即羔羊在出生后12时内口服土霉素或其他敏感抗菌药物，连用3天，有一定预防作用。

3. 消化器官疾病

1）前胃弛缓　前胃弛缓是由各种病因导致前胃神经兴奋性降低，肌肉收缩力减弱，瘤胃内容物运转缓慢，微生物区系失调，产生大量发酵和腐败的物质，引起消化障碍，食欲、反刍减退，乃至全身机能紊乱的一种疾病。

（1）病因　主要发生于饲养管理不当。常继发于口炎、齿病等疾病。治疗用药不当，如长期大量服用抗生素或磺胺类等抗菌药物，瘤胃内正常微生物区系受到破坏，而发生消化不良，造成医源性前胃弛缓。

（2）临床症状

①急性型。病羊食欲减退或废绝，反刍减少、短促、无力，时而嗳气并带酸臭味；瘤胃蠕动音减弱，蠕动次数减少，每次蠕动的持续时间缩短。反刍停止，排棕褐色糊状恶臭粪便；精神沉郁，皮温不整，体温下降，脉率增快，呼吸困难，鼻镜干燥，眼窝凹陷。

②慢性型。病羊食欲不定，有时减退或废绝；常常虚嚼、磨牙，发生异嗜，舔砖、吃土或采食被粪尿污染的褥草、污物；反刍不规则，短促、无力或停止；嗳气减少、嗳出的气体带臭味。

（4）治疗　治疗原则是除去病因，加强护理，增强前胃机能，改善瘤胃内环境，恢复正常微生物区系，防止脱水和自体中毒。

①可用硫酸钠（或硫酸镁）、鱼石脂，内服；或用液体石蜡、苦味酊，内服。

②重症病例应先强心、补液。

③应用"促反刍液"注射液，静脉注射；肌内注射维生素 B_1。

④当瘤胃内容物 pH 降低时，宜用氢氧化镁（或氢氧化铝），碳酸氢钠，常温水适量，内服。

⑤中兽医治疗：对脾胃虚弱，水草迟细，消化不良的牛，着重健脾和胃，补中益气，宜用加味四君子汤。对体壮实，口温偏高，口津黏滑，粪干，尿短的病牛，应清泻胃火，宜用加味大承气汤或大戟散。久病虚弱，气血双亏，应补中益气，养气益血为主，宜用加味八珍散。病牛口色淡白，耳鼻俱冷，口流清涎，水泻，应温中散寒、补脾燥湿，宜用加味厚朴温中汤。

2）瘤胃积食 瘤胃积食又称急性瘤胃扩张，是反刍动物贪食大量粗纤维饲料或容易臌胀的饲料引起瘤胃扩张，瘤胃容积增大，内容物停滞和阻塞以及整个前胃机能障碍，形成脱水和毒血症的一种严重疾病。

（1）病因 瘤胃积食主要是由于贪食大量富含粗纤维的饲料，如豆秸、山芋藤、老苜蓿、花生蔓等，缺乏饮水，难以消化所致。

（2）临床症状 病羊不安，目光凝视，拱背站立，回顾腹部或后肢踢腹，不断起卧；食欲废绝、反刍停止、磨牙、时而努责，常有呻吟、流涎、嗳气，有时作呕或呕吐。瘤胃蠕动音减弱或消失。

（3）治疗 治疗原则是增强瘤胃蠕动机能，促进瘤胃内容物排出，调整与改善瘤胃内生物学环境，防止脱水与自体中毒。

①灌服酵母粉或神曲，干酵母和红糖，再按摩瘤胃。

②在瘤胃内容物软化后，神曲、干酵母用量减半，服用适量的盐。

③牛用硫酸镁或硫酸钠，液体石蜡或植物油，鱼石脂，乙醇，常温水，内服。

④改善中枢神经系统调节功能，促进反刍，防止自体中毒，可静脉注射10%氯化钠注射液，10%氯化钙注射液，20%安钠咖注射液。

⑤对病程长的病例，宜用5%葡萄糖生理盐水注射液、20%安钠咖注射液、5%维生素C注射液，静脉注射，达到强心补液，维护肝脏功能，促进新陈代谢，防止脱水的目的。

⑥中兽医称瘤胃积食为宿草不转，治以健脾开胃，消食行气，泻下为主。牛用加味大承气汤。

3）瘤胃臌胀 瘤胃臌胀又称瘤胃臌气。

（1）病因 是因前胃神经反应性降低，收缩力减弱，采食了容易发酵的饲料，在瘤胃内微生物的作用下，异常发酵，产生大量气体，引起瘤胃和网胃急剧膨胀，膈与胸腔脏器受到压迫，呼吸与血液循环障碍，发生窒息现象的一种疾病。

（1）临床症状 急性瘤胃臌胀，腹部迅速膨大，左肷窝明显突起，严重者高过背中线。反刍和嗳气停止，食欲废绝，发出呻声，表现不安，回顾腹部。慢性瘤胃臌胀，多为继发性瘤胃臌胀。

（2）诊断　急性瘤胃臌胀，病情急剧，根据采食大量易发酵性饲料后发病的病史，腹部臌胀，左肷窝凸出，血液循环障碍，呼吸极度困难，进行确诊。

（3）治疗　治疗原则是排除气体，理气消胀、强心补液、健胃消导、恢复瘤胃蠕动。

①保持前高后低姿势，牵引其舌或在木棒上涂煤油或菜油后给病畜衔在口内，同时按摩瘤胃，促进气体排出。用松节油、鱼石脂、乙醇、温水适量内服，或内服8%氧化镁溶液或生石灰水，具有止酵消胀作用。也可灌服胡麻油合剂。

②严重病例有窒息危险时，实行胃管放气或用套管针穿刺放气。非泡沫性臌胀，放气后，用鱼石脂、乙醇内服；或从套管针内注入生石灰水或8%氧化镁溶液，或者稀盐酸。用0.25%普鲁卡因溶液将青霉素稀释，注入瘤胃。

③泡沫性臌胀，以灭沫消胀为目的，宜内服表面活性药物，如二甲基硅油，消胀片。也可用松节油、液体石蜡内服，或者用菜籽油制成油乳剂内服。药物治疗效果不显著时，应施行瘤胃切开术。

④接种瘤胃液，在排除瘤胃气体或瘤胃手术后，采取健康牛的瘤胃液3~6升进行接种。

⑤中兽医称瘤胃臌胀为气胀病或肚胀。治以行气消胀，通便止痛为主。用消胀、木香顺气散等。

4）创伤性网胃腹膜炎　创伤性网胃腹膜炎又称金属器具病或创伤性消化不良。本病主要发生于舍饲的羊以及半舍饲半放牧的羊。

（1）病因　是由于金属异物混杂在饲料内，被误食后进入网胃，导致网胃和腹膜损伤及炎症的一种疾病。缺少饲养管理制度，随意舍饲和放牧，碎铁丝、铁钉、钢笔尖、回形针、大头钉、缝针、发卡等被羊采食或舔食吞咽后发生。

（2）临床症状　病羊食欲急剧减退或废绝，泌乳量急剧下降；体温升高，部分病例可降至常温，呼吸和心率正常或轻度加快；肘外展，不安，拱背站立，不愿移动，卧地、起立时谨慎；牵病羊行走时，不愿上下坡、跨沟或急转弯。网胃区触诊，病羊疼痛不安。

（3）治疗　治疗原则是及时摘除异物，抗菌消炎，加速创伤愈合，恢复胃肠功能。

保守疗法包括用金属异物摘除器从网胃中吸取金属异物，或投服磁铁笼吸附固定金属异物；同时应用抗生素（如青霉素、四环素等）药物。

5）胃肠炎 胃肠炎是胃肠壁表层和深层组织的重剧性炎症。胃肠炎按病程经过分为急性胃肠炎和慢性胃肠炎。

（1）病因 原发性胃肠炎的病因：饲喂霉败饲料或不洁的饮水；采食有毒植物；误咽有强烈刺激或腐蚀的化学物质；食入了尖锐的异物损伤胃肠黏膜后被链球菌、金色葡萄球菌等化脓菌感染；羊舍卫生条件差，气候骤变，过劳，过度紧张等应激，容易受到致病因素侵害，致使胃肠炎的发生。

继发性胃肠炎，常继发于急性胃肠卡他、肠便秘、肠变位、化脓性子宫炎、瘤胃炎等疾病。

（2）临床症状 急性胃肠炎，病羊精神沉郁，食欲减退或废绝，口腔干燥，舌苔重，口臭；反刍动物有嗳气、反刍减少或停止，鼻镜干燥。腹泻，粪便稀，呈粥样或水样，腥臭，粪便中混有黏液、血液和脱落的黏膜组织。有不同程度的腹痛和肌肉震颤，肚腹蜷缩。慢性胃肠炎表现为食欲多变，时坏时好。

（3）治疗 治疗原则是消除炎症、清理胃肠、预防脱水、维护心脏功能，解除中毒，增强机体抵抗力。

①抑菌消炎。可肌内注射庆大霉素或庆大－小诺米星、环丙沙星等抗菌药物。

②清理胃肠。肠鸣音弱，粪干、色暗或排粪迟缓，有大量黏液，气味腥臭者，应采取缓泻，常用液体石蜡、鱼石脂、乙醇，内服。

③当病羊粪稀如水，频泻不止，腥臭气不大，不带黏液时，应止泻。可用炭加适量常温水，内服；或者用鞣酸蛋白、碳酸氢钠，加水适量，内服。

④中兽医称肠炎为肠黄，治以清热解毒、消黄止痛、活血化瘀为主，宜用郁金散。

6）幼畜消化不良 病理特征主要是明显的消化机能障碍和不同程度的腹泻。

幼畜消化不良，根据临床症状和疾病经过，分为单纯性消化不良和中毒性消化不良两种。单纯性消化不良，主要表现为消化与营养的急性障碍和轻微的全身症状；中毒性消化不良，主要呈现严重的消化障碍、明显的自体中毒的全身症状。

（1）病因 妊娠母畜的饲养不良，特别是在妊娠后期，饲料中营养物质不足，可使出生幼畜发育不良和母畜娩后初乳量少、质差，则易引起消化不良。哺乳母畜饲养不良，饲料中营养物质不足，影响母乳的数量和质量，可使幼畜胃肠蠕动机能障碍、分泌机能减弱，或幼畜食患乳腺炎以及其他慢性疾病的母畜的母乳，极易发生消化不良。饲养管理及护理不当，也是引起幼畜消化不良的重要因素。当母畜初乳中含有与消化器官及其酶类抗原相应的自身抗体和免疫淋巴细胞时，幼畜食入这种初乳后，易发生免疫反应，引起消化不良。

（2）临床症状

①单纯性消化不良。病畜精神不振，喜躺卧，食欲减退或废绝，体温一般正常或低于正常。腹泻，多排粥样稀粪，有的呈水样，粪便为深黄色、黄色或暗绿色；羔羊的粪便多呈灰绿色，混有气泡和白色小凝块。

②中毒性消化不良。病畜精神沉郁，目光痴呆，食欲废绝，全身无力，躺卧于地。体温升高，对刺激反应减弱，全身震颤，有时出现短时间的痉挛。腹泻，频排水样稀粪，粪内含有大量黏液和血液，并呈恶臭或腐败臭气味。持续腹泻时，则肛门松弛，排粪失禁自痢；皮肤弹性降低，眼窝凹陷。

（3）治疗　应采取包括食饵疗法、药物疗法及改善卫生条件等措施的综合疗法。

加强母畜的饲养管理，给予全价日粮，保持乳房卫生。促进消化，可给予胃液、人工胃液或胃蛋白酶。防止肠道感染，可肌内注射链霉素、痢菌净等；内服磺胺脒。制止肠内发酵、腐败，可选用乳酸、鱼石脂等防腐制酵药物。腹泻不止时，可选用明矾、鞣酸蛋白等药物。防止机体脱水，保持水盐代谢平衡，病初可给幼畜饮用生理盐水，亦可应用10%葡萄糖注射液或5%葡萄糖生理盐水注射液静脉或腹腔注射。提高机体抵抗力和促进代谢机能，可施行血液疗法，皮下注射10%枸橼酸钠贮存血或葡萄糖枸橼酸钠血。

4.胸膜疾病

1）胸膜炎　胸膜炎是胸膜发生以纤维蛋白沉着和胸腔积聚大量炎性渗出物为特征的一种炎症性疾病。临床表现为胸部疼痛、体温升高和胸部听诊出现摩擦音。

（1）病因　原发性胸膜炎比较少见，肺炎、肺脓肿、败血症、胸壁创伤或穿孔、肋骨骨折、食管破裂、胸腔肿瘤等均可引起发病。

胸膜炎常继发或伴发于某些传染病的过程中，如多杀性巴氏杆菌和溶血性巴氏杆菌引起的吸入性肺炎、纤维素性肺炎、结核病、鼻疽、流行性感冒、反刍动物创伤性网胃心包炎、支原体感染等。在这些疾病过程中，均可伴发胸膜炎。

（2）临床症状　疾病初期，精神沉郁，食欲降低或废绝，体温升高（40℃），呼吸迫促，出现腹式呼吸，脉搏加快。

（3）治疗　治疗原则为抗菌消炎，制止渗出，促进渗出物的吸收和排除。

2）胸腔积水　胸腔积水是指胸腔内积聚有大量的漏出液，胸膜无炎症变化，又称胸腔积水。临床上以呼吸困难为特征。

（1）病因　常见于心力衰竭、肾功能不全、肝硬化及营养不良、各种贫血等。也见于某些毒物中毒、机体缺氧等因素。

（2）临床症状　少量的胸腔积液，一般无明显的临床表现。当液体积聚过多时，动物出现呼吸频率加快，严重者呼吸困难，甚至出现腹式呼吸。胸腔穿刺，有大量淡黄色的液体流出。

（3）治疗　本病是胸部或全身疾病的一部分，主要是治疗原发病或病因，胸腔积液常在纠正病因后逐渐吸收。

5. 心血管疾病

1）创伤性心包炎　创伤性心包炎是心包受到机械性损伤。

（1）病因　主要是由从网胃来的细长金属异物刺伤引起的，是创伤性网胃-腹膜炎的一种主要并发症。

（2）临床症状　精神沉郁，呆立不动，头下垂，眼半闭。病初体温升高，多数呈稽留热，后期降至常温。呼吸浅快，急促，有时困难，呈腹式呼吸。

（3）治疗　视动物的经济价值，一般应尽早淘汰，对珍贵动物可采用心包穿刺法或手术疗法。

2）急性心肌炎　急性心肌炎是伴发心肌兴奋性增强和心肌收缩机能减弱为特征的心肌局灶性和弥漫性心脏肌肉炎症。本病很少单独发生，多继发或并发于其他各种传染性疾病。

（1）病因　急性心肌炎通常继发或并发于某些传染病、寄生虫病、脓毒败血症和中毒性疾病。

（2）临床症状　由急性传染病引起的心肌炎，如口蹄疫，大多数表现发热，精神沉郁，食欲减退和废绝。重症患羊，精神高度沉郁，全身虚弱无力，战栗，运步跛跄，甚至出现意识昏迷，眩晕，因心力衰竭而突然死亡。

（3）治疗　减少心脏负担，增加心脏营养，提高心脏收缩机能和防治其原发病等。应对病羊进行早期合理的安排休息，给予良好的护理，进行精密的管理，给予多次饮水，饲喂易消化、营养和维生素丰富的饲料，且避免过度的兴奋和运动。同时应注意原发病的治疗，可应用抗生素、血清和疫苗等特异性疗法。

6. 泌尿器官疾病

1）尿结石　尿结石又称尿石病，是指尿路中盐类结晶凝结成大小不一、数量不等的凝结物，刺激尿路黏膜而引起的出血性炎症和尿路阻塞性疾病。临床上以腹痛，排尿障碍和血尿为特征。本病主要发生于公羊。

（1）病因　矿物质代谢紊乱的结果，并与高钙、低磷和富硅、富磷的饲料，饮水缺乏，维生素 A 缺乏，感染等因素有关。

（2）临床症状　尿结石病羊主要表现为刺激症状和阻塞症状。多呈肾盂炎症状，有血尿。阻塞严重时，有肾盂积水，病羊肾区疼痛，运步强拘，步态紧张。当结石移行至输尿管并发生阻塞时，病羊腹痛剧烈。

（3）治疗　本病的治疗原则是消除结石，控制感染，对症治疗。可水冲洗，使用尿道肌肉松弛剂，手术治疗。对草酸盐尿石的病羊，应用硫酸阿托品或硫酸镁内服。对有磷酸盐尿结石的病羊，应用稀盐酸进行冲洗治疗可获得良好的治疗效果。中医称尿路结石为"砂石淋"。根据清热利湿，通淋排石，病久者肾虚并兼顾扶正的原则，一般多用排石汤加减。

2）尿道炎　尿道炎指尿道黏膜的炎症，其特征是频频排尿，局部肿胀。本病主要发生于公羊。

（1）病因　主要是尿道的细菌感染，或尿结石的机械刺激及刺激性药物与化学刺激，损伤尿道黏膜，再继发细菌感染。此外，公羊的包皮炎，母羊的子宫内膜炎症的蔓延，也可导致尿道炎。

（2）临床症状　病羊频频排尿，尿呈断续状流出，并表现疼痛不安，公羊阴茎勃起，母羊阴唇不断开张，黏液性或脓性分泌物不时自尿道口流出。病羊表现疼痛不安，并抗拒或躲避检查。尿液混浊，混有黏液，血液或脓液，甚至混有坏死和脱落的尿道黏膜。

（3）治疗　治疗原则是消除病因，控制感染，对症治疗。当尿潴留而膀胱高度充盈时，可施行手术治疗或膀胱穿刺。

7. 微量元素缺乏症

1）硒和维生素 E 缺乏症　硒和维生素 E 缺乏症是由于体内微量元素硒和维生素 E 缺乏或不足，而引起骨骼肌、心肌和肝脏组织变性、坏死为特征的疾病。

（1）病因　饲料（草）中硒和维生素 E 含量不足，当饲料硒含量低于 0.05 毫克/千克以下，或饲料加工贮存不当，其中的氧化酶破坏维生素 E 时，就出现硒和维生素 E 缺乏症。

（2）临床症状　骨骼肌疾病所致的姿势异常及运动功能障碍；顽固性腹泻或下痢为主的消化功能紊乱；心肌病造成的心率加快、心律不齐及心功能不全。

（3）治疗　可用 0.1% 亚硒酸钠溶液肌内注射，配合醋酸生育酚，效果显著。

2）铜缺乏症　铜缺乏症是由于体内微量元素铜缺乏或不足，而引起贫血、腹泻、被毛褪色、皮肤角化不全、共济失调、骨和关节肿大、生长受阻和繁殖障碍为特征的动物营养代谢病。

（1）病因　原发性缺铜是因长期饲喂低铜土壤上生长的饲草。

（2）临床症状　羊的原发性缺铜，被毛干燥、无弹性、绒化，卷曲消失，形成直毛或钢丝毛，毛纤维易断。但各品种羊对缺铜的敏感性不一样，羔羊见于 3~6 周龄，是先天性营养性缺铜症，表现为生后即死，或不能站立，不能吮乳，运动不协调，或运动时后躯摇晃，故称为摇背症。

（3）治疗　治疗措施是补硫酸铜，连续 3~5 周，间隔 3 个月后再重复治疗一次。对原发性和继发性缺铜症都有较好的效果。动物饲料中应补充铜，或者直接加到矿物质补充剂中；矿物质补充剂中应含 3%~5% 硫酸铜。50% 钙和 45% 钴化盐及碘化盐加黏合剂制成的盐砖，供动物舔食或将此混合盐按 1% 比例加入日粮中。如病羊已产生脱髓鞘作用，或心肌损伤，则难以恢复。

3）锌缺乏症　锌缺乏症是由于饲料中锌含量绝对或相对不足所引起的一种营养缺乏症。

（1）病因　原发性缺乏，主要是饲料中锌含量不足。

（2）临床症状　锌缺乏可出现食欲减少，生长发育缓慢，生产性能减退，生殖机能下降，骨骼发育障碍，骨短、粗，长骨弯曲，关节僵硬，皮肤角化不全，皮肤增厚、皮屑增多、掉毛、擦痒，被毛、羽毛异常，免疫功能缺陷及胚胎畸形等。

实验性缺锌引起生长缓慢，食物摄入减少，睾丸萎缩，被毛粗乱，脱落，在后躯、阴囊、头、颈部出现皮肤角质化增生。四肢下部出现裂隙、渗出。

（3）治疗　一旦出现本病，应迅速调整饲料锌含量，如加大 0.02% 碳酸锌（100 毫克/千克），肌内注射剂量按 2~4 毫克/千克体重，连续 10 天，补锌后食欲迅速恢复，3~5 周内皮肤症状消失。应保证日粮中含有足够的锌。

4）钴缺乏症　钴缺乏症，饲料或饮水中缺乏钴，引起厌食、极度消瘦和贫血的现象。钴缺乏症仅发生于牛、羊等反刍动物。

（1）病因　牧草生长在风沙堆积性草场、沙质土、碎石或花岗岩风化的土地，灰化土或是火山灰烬覆盖的地方，易引起牧草钴缺乏症。

（2）临床症状　异嗜，反刍动物饮食欲减退或废绝，便秘，贫血，消瘦，被毛由黑变为棕黄色。羊毛、奶产量下降，毛脆而易断，易脱落，动物痒感明显，后期可有繁殖功能下降、腹泻、流泪，特别是绵羊，因流泪而使面部被毛潮湿，这是严重钴缺乏症的最明显特点。

（4）治疗 口服硫酸钴，不仅可减少死亡，而且使动物生长改善。用药后24小时，血清中维生素 B_{12} 升高。羔羊、犊牛在瘤胃未发育成熟之前，可注射维生素 B_{12} 注射液，免患钴缺乏症。

预防钴缺乏，羊日粮为 0.07 毫克 / 千克以上，最好为 0.1~0.3 毫克 / 千克。

8. 饲料毒物中毒性疾病

1）棉籽饼粕中毒 棉籽饼粕中毒是羊长期或大量摄入榨油后的棉籽饼粕，引起以出血性胃肠炎、全身水肿、血红蛋白尿和实质器官变性为特征的中毒性疾病。

（1）病因 棉籽饼粕中存在棉酚类色素和环丙烯类脂肪酸等对动物有毒性的物质，其中主要发挥毒性作用的是棉酚。

（2）临床症状 临床症状主要表现为生长缓慢、腹痛、厌食、呼吸困难、昏迷、嗜睡、麻痹等。慢性中毒病羊表现消瘦，有慢性胃肠炎和肾炎等，食欲不振，体温一般正常，伴发炎症腹泻时体温稍高。

（3）治疗 目前尚无特效疗法，应停止饲喂含毒棉籽饼粕，加速毒物的排出。采取对症治疗方法，去除饼粕中毒物后合理利用。

2）瘤胃酸中毒 瘤胃酸中毒是因采食大量的谷类或其他富含碳水化合物的饲料后，导致瘤胃内产生大量乳酸而引起的一种急性代谢性酸中毒。其特征为消化障碍、瘤胃运动停滞、脱水、酸中毒、运动失调、衰弱，常导致死亡。

（1）病因 给羊饲喂大量谷物，如大麦、小麦、玉米、稻谷、高粱及甘薯干，在瘤胃内高度发酵，产生大量的乳酸而引起瘤胃酸中毒。给舍饲羊突然饲喂高精饲料时，易发生瘤胃酸中毒。

（2）临床症状 病羊表现神情恐惧，食欲减退，反刍减少，瘤胃蠕动减弱，瘤胃胀满，呈轻度腹痛；粪便松软或腹泻。

（3）治疗 加强护理，清除瘤胃内容物，纠正酸中毒，补充体液，恢复瘤胃蠕动。

9. 霉菌毒素中毒

1）黄曲霉毒素中毒 黄曲霉毒素中毒是人畜共患且有严重危害性的一种霉败饲料中毒病。临床上以全身出血、消化机能紊乱、腹水、神经症状等为特征。

（1）病因 黄曲霉和寄生曲霉等广泛存在于自然界中，主要污染玉米、花生、豆类、棉籽、麦类、大米、秸秆及其副产品（酒糟、油粕、酱油渣）等。羊黄曲霉毒素中毒的原因多是采食上述产毒霉菌污染的花生、玉米、豆类、麦类及其副产品所致。

（2）临床症状　成年羊多呈慢性经过，病死率较低。往往表现为厌食、磨牙、前胃弛缓、瘤胃臌胀、间歇性腹泻、乳量下降，以及妊娠母羊早产、流产。羔羊对黄曲霉毒素较敏感，病死率高。

（4）治疗　对本病尚无特效疗法。发现霉败饲料时，应立即停喂，改喂富含碳水化合物的青绿饲料和高蛋白饲料，减少或不喂含脂肪过多的饲料。

2）玉米赤霉烯酮中毒　玉米赤霉烯酮中毒又称 F-2 毒素中毒。本病以阴户肿胀、流产、乳房肿大、过早发情等雌激素综合征为临床特征。

（1）病因　病因为玉米赤霉烯酮，它是由禾谷镰刀菌、粉红镰刀菌、串珠镰刀菌、黄色镰刀菌和茄病镰刀菌等霉菌产生。发病原因是羊采食被上述产毒霉菌污染的玉米、大麦、高粱、水稻、豆类以及青贮饲料等。

（2）临床症状　临床上最常见的是雌激素综合征或雌激素亢进症。

发生中毒时，呈现雌激素亢进症，如兴奋不安、敏感、假发情等，可持续 1～2 个月。同时还表现生殖机能紊乱。

（3）治疗　当怀疑玉米赤霉烯酮中毒时，应立即停喂霉变饲料，改喂多汁青绿饲料，一般在停喂发霉饲料 7～15 天中毒症状可逐渐消失，不需药物治疗。

10. 应激性疾病

应激综合征　应激综合征是动物遭受各种不良因素或应激原的刺激时，表现出生长发育缓慢，生产性能和产品质量降低，免疫力下降，严重者引起死亡的一种非特异性反应。

（1）病因　生产中引起应激的原因很多，如温度变化、电离辐射、精神刺激、过度疲劳、羊舍通风不良及有害气体的蓄积、日粮成分和饲养制度的改变、动物分群、断奶、驱赶、捕捉、运输或长途运输、剪毛、采血、去势、修蹄、检疫、预防接种、夏季出现的持续性高温天气等。

（2）临床症状　病羊生长停滞，泌乳量减少，饲料转化率降低，运输过程中及屠宰期间严重掉膘，幼羊病死率增加。

患羊主要表现体温极度升高，如体温达 42℃ 以上，皮温增高，触摸有烫手感；临床上呈现胃肠炎、瘤胃臌气、前胃迟缓、瓣胃阻塞等病症。

（3）治疗　应消除应激源，注射镇静剂，大剂量静脉补液，配合5%碳酸氢钠溶液纠正酸中毒；同时，可采取体表降温等措施，有条件的可输氧。

①中药治疗。天然抗应激中草药中补虚类药能增强抵抗力，提高免疫力；补肾类药调节能量代谢和内分泌功能，可显著提高机体抗应激的能力。

②西药治疗。日粮中添加抗应激药物是消除或缓解应激对羊危害的有效途径，主要有：缓解酸中毒和维持酸碱平衡的物质；维生素（维生素C、维生素E）；微量元素（锌、硒、铬）；药物有安定止痛剂（氯丙嗪、哌唑嗪、氟哌啶醇）、安定剂（氯二氢甲基苯并二氮杂卓酮、溴氯苯基二氢苯并二氮杂卓酮）和镇静剂（苯纳嗪、溴化钠）；参与糖类代谢的物质，如琥珀酸、苹果酸、柠檬酸等。

11. 繁殖疾病

1）乳腺炎　乳腺炎是指乳房组织受到病原微生物感染或物理、化学等因素的刺激所发生的炎症反应，其主要特征是乳腺组织发生不同类型的病理学过程，并伴有乳汁理化性质改变及细菌学变化。

（1）病原　乳腺炎的病因大多数是由多种非特定病原微生物引起的，包括细菌、支原体、真菌、病毒和钩端螺旋体等。在细菌感染的病例，主要有链球菌、金黄色葡萄球菌和大肠杆菌。

另外乳腺炎的发病受季节、环境卫生、饲养管理、挤奶方式、泌乳阶段、胎次等多种因素的影响。

（2）临床症状　非临床型或亚临床型乳腺炎，乳房和乳汁均无肉眼可见变化，临床型乳腺炎，乳房和乳汁均有肉眼可见的异常。轻度临床型乳腺炎症状较轻微，乳房不觉异常，或有轻度发热和疼痛。较严重的患病乳区急性肿胀、热、硬、疼痛，奶产量减少，乳汁异常呈黄白色或血清样，内有乳凝块。

（3）治疗　目前抗生素仍然是治疗乳腺炎广泛使用的药物。但是随着抗生素长期大量使用，使得致病菌耐药菌株增加，以致一些乳腺炎病例变得难以治疗。选择抗生素治疗乳腺炎时必须遵循的基本原则是：根据药敏试验选择药物；在不可能查清病原菌的情况下，先采用广谱抗菌药物，或选两种抗生素合用。

治疗乳腺炎常用的抗生素有：青霉素、链霉素、红霉素、四环素类、头孢菌素以及喹诺酮类等。

2）子宫内膜炎　子宫内膜炎是指子宫黏膜的慢性炎症，并常伴发卵巢机能异常，是母羊不孕的重要原因之一。在严重病例，炎症可发展到子宫全层及其周围组织。

（1）病原　感染子宫的病原微生物最多见的是化脓性链球菌、葡萄球菌、大肠杆菌，其次是化脓棒状杆菌、梭状芽孢杆菌，以及衣原体、霉形体等。

（2）临床症状　慢性子宫内膜炎的患羊临床表现一般不太明显，但屡配不孕。排出的分泌物，患羊多数发情周期不正常，或尽管正常发情也屡配不孕，在发情或卧地时常从阴门流出混浊的黏液，带有絮状物。

（3）治疗　临床上，治疗子宫内膜炎时要采取综合措施：一是抗菌消炎，二是促进炎性分泌物的排出，三是要促进正常发情周期的恢复。抗菌消炎就是使用抗菌或抑菌药物。治疗时一般是通过子宫腔内投放广谱抗生素等抗菌或抑菌药物，对病程较长的顽固病例可使用复方碘溶液等杀菌制剂。必要时可进行子宫冲洗，以净化子宫。

3）**子宫脱出**　子宫角前端翻入子宫腔或阴道内，称为子宫内翻；子宫全部翻出于阴门之外，称为子宫脱出。

（1）病因　产后强烈努责、腹压过大和子宫弛缓是引起本病的主要原因。有时由于外力的牵引，也可引起发病。

（2）临床症状　子宫脱出，症状明显。可见膨大的子宫悬垂于阴门之外。

（3）治疗　子宫内翻的治疗，可将手伸入阴道或子宫内抓住内翻部分的尖端轻轻摇晃，或用拳头顶住内翻的突出部分向前推动，使其复位。对子宫脱出的病例，必须及早施行手术治疗。治疗的方法有整复术和子宫切除术。

4）**不发情或发情延迟**　不发情或发情延迟是指母羊在预定发情的时间内不出现发情或发情延迟的一种异常现象。

（1）病因　多因使役过度，饲养管理不善，营养不良或产后元气大伤、肾气虚损未得恢复，精血不足。

（2）临床症状　患羊长时间不发情或发情延迟。

（3）治疗　利用公羊催情或者激素疗法以及饲喂中药催情散。